江苏省高等学校计算机等级考试系列教材

Visual Basic 实验指导书

（2013 年版）

孙建国　海　滨　主编

苏州大学出版社

图书在版编目(CIP)数据

Visual Basic 实验指导书:2013 年版/孙建国,海滨主编. —苏州:苏州大学出版社,2014.6(2020.7 重印)
江苏省高等学校计算机等级考试系列教材
ISBN 978-7-5672-0816-2

Ⅰ.①V… Ⅱ.①孙…②海… Ⅲ.①BASIC 语言-程序设计-高等学校-教学参考资料 Ⅳ.①TP312

中国版本图书馆 CIP 数据核字(2014)第 131218 号

Visual Basic 实验指导书(2013 年版)
孙建国 海 滨 主编
责任编辑 苏 秦

苏州大学出版社出版发行
(地址:苏州市十梓街1号 邮编:215006)
丹阳兴华印务有限公司印装
(地址:丹阳市胡桥镇 邮编:212313)

开本 787 mm×1 092 mm 1/16 印张 12.5 字数 297 千
2014 年 6 月第 1 版 2020 年 7 月第 3 次印刷
ISBN 978-7-5672-0816-2 定价:36.00 元

苏州大学版图书若有印装错误,本社负责调换
苏州大学出版社营销部 电话:0512-67481020
苏州大学出版社网址 http://www.sudapress.com

江苏省高等学校计算机等级考试
系列教材编委会

顾　　　问　张福炎　孙志挥

主 任 委 员　王　煌

副主任委员　叶晓风

委　　　员　（以姓氏笔画为序）

　　　　　　牛又奇　朱巧明　李　畅　严　明

　　　　　　吴乃陵　邵定宏　单启成　侯晓霞

　　　　　　殷新春　蔡　华　蔡正林　蔡绍稷

前言 Preface

　　实践环节是学习程序设计语言必不可少的组成部分。为了配合新版《Visual Basic 程序设计教程》的推出，我们对与之配套的《Visual Basic 实验指导书》做了全面的修订。

　　本次修订，主要着眼于以下几个方面：第一，使其更好地配合课堂教学。实验题目的选定尽量与课堂教学内容衔接，希望能使学生通过实践加强对课堂教授知识的理解和掌握。第二，注重实际操作能力的培养。在实验过程中，学生可能会碰到这样或那样的问题，大部分是属于对程序设计语言的语法、规则、程序设计的算法等的掌握不足而引起的，但也有相当多的问题是对程序设计语言的编程环境不熟悉或不会正确熟练使用而引起的。所以，加强学生这个方面的训练也很有必要。第三，加强对重要学习环节的训练。分支与循环、数组与自定义过程是学习程序设计语言的难点与重点。为帮助学生更好地学习与掌握这部分内容，我们不仅增加了实验的题目，还有意识地增加了一些验证类的题目，以帮助学生对相关程序结构语句的执行方式及正确使用的认识和理解。我们还增加了题目分析的内容，以帮助学生学习掌握相关的算法。第四，适当加强与计算机等级考试的联系。参加并通过计算机等级考试是很多学生学习完本门课程后的愿望。为了帮助这些学生实现自己的目标，我们在选题时专门选择了一批与等级考试相关联的题目，以加强学生对等级考试要求的所有基本算法的掌握。我们提供了实验题的电子文档（可在苏州大学出版社网站 www.sudapress.com 上下载），学生上机练习时可直接将实验题目复制到程序中。

　　教材的编写与修订，对作为编者的我们也是一次不断学习、不断提高的过程。我们孜孜以求的目标是服务教师、服务学生，为提高教学质量、培养人才贡献我们的绵薄之力。但学无止境、教无止境，由于能力所限，错误与不足在所难免，在此敬请广大读者批评指正，不胜感激。

　　本次修订，仍是由牛又奇和孙建国全面负责和主持的。中国药科大学的海滨、南京大学的朱玲和南京农业大学的朱淑鑫老师，做了大量具体的工作。另外南京大学的金莹与南京农业大学的梁敬东老师，作为原书的编者，也为本次修订提供了很多宝贵的意见与建议。

编　者
2014.4

目 录

实验 1　Visual Basic 基本操作 …………………………………………………（1）

实验 2　界面设计 ……………………………………………………………（13）

实验 3　菜单设计 ……………………………………………………………（25）

实验 4　数据、表达式、函数与简单程序设计 ………………………………（34）

实验 5　分支结构程序设计 …………………………………………………（47）

实验 6　循环结构程序设计 …………………………………………………（56）

实验 7　数组 …………………………………………………………………（72）

实验 8　控件数组 ……………………………………………………………（91）

实验 9　通用过程程序设计 …………………………………………………（100）

实验 10　递归调用与变量作用域 …………………………………………（116）

实验 11　文件 ………………………………………………………………（133）

实验 12　程序调试 …………………………………………………………（148）

实验 13　图形处理 …………………………………………………………（157）

实验 14　数据库 ……………………………………………………………（164）

实验 15　综合练习 …………………………………………………………（172）

附录Ⅰ　实验 16　MDI 窗体与工具栏 ……………………………………（180）

附录Ⅱ　计算器程序代码 ……………………………………………………（192）

实验 1　Visual Basic 基本操作

目的和要求

- 掌握 Visual Basic(以下简称 VB)的启动方法。
- 熟悉 VB 的开发环境。
- 学习向窗体中放置控件的方法。
- 掌握在属性窗口中设置控件属性的方法。
- 学会建立简单 VB 应用程序的方法。
- 掌握工具栏按钮启动 ▶、结束 ■ 的使用方法。

1.1　进入 Visual Basic 集成开发环境(IDE)

要创建 VB 应用程序,首先要运行 VB 的集成开发环境。启动 VB 的方法如下:

【方法 1】

◇ 单击任务栏上的"开始"按钮 开始 ;

◇ 选择"程序"菜单(Windows XP 系统)或文件夹(Windows 7 系统),接着选取 "Microsoft Visual Basic 6.0 中文版"子菜单或文件夹,再选取" Microsoft Visual Basic 6.0 中文版"项,如图 1-1 所示;

图 1-1　启动 VB 的方法 1

◇ 单击鼠标左键。

【方法 2】

◇ 单击任务栏上的"开始"按钮 开始 ;

◇ 选择"程序"菜单或文件夹;

◇ 使用"Windows 资源管理器"查找 VB 可执行文件 VB6.exe;

◇ 双击图标 。

【方法3】

◇ 在桌面上创建一个 VB 快捷图标；

◇ 双击该快捷图标。

VB 启动后，出现"新建工程"对话框（图 1-2），单击"打开"按钮，带有一个窗体的新工程将被创建，并可以看到 VB 集成开发环境的界面，如图 1-3 所示。有的系统启动后可直接进入如图 1-3 所示的界面。

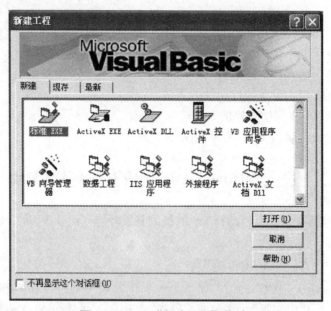

图 1-2 VB 6.0"新建工程"对话框

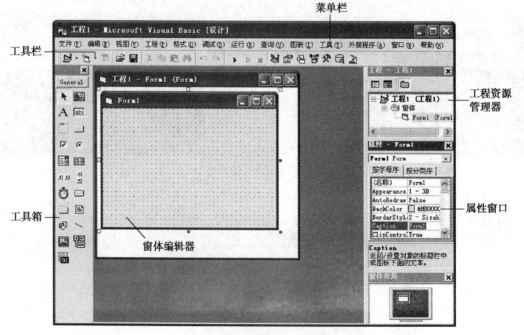

图 1-3 VB 集成开发环境窗口

VB 6.0 的集成开发环境具有很大的灵活性，可以通过配置工作环境最大限度地体现并满足个人风格的需求。可以在单个或多个文档界面中进行选择，并能调整各种集成开发环境(IDE)元素的大小和位置。集成开发环境中的许多子窗口可相互连接，或停放在屏幕边缘，包括工具箱、窗体编辑器窗口、工程资源管理器窗口、属性窗口、立即窗口、本地窗口和监视窗口等。

1.2 创建一个可执行的应用程序

创建一个 VB 应用程序有三个主要步骤：
- 创建应用程序界面。
- 设置界面各个对象的属性。
- 编写程序代码。

1.2.1 创建应用程序界面

窗体是应用程序界面的基础。通常创建 VB 应用程序的第一步就是创建窗体，并在创建的窗体上安排构成界面的各种控件对象。

1. 设计窗体

（1）调整窗体编辑器窗口中窗体的大小，若窗体编辑器窗口不够大，可先调整窗体编辑器窗口的大小。

（2）通过属性窗口，设置窗体属性。

2. 向窗体中加入控件

（1）放置控件。

【方法1】
◇ 在工具箱中双击选定的控件，该控件会自动出现在窗体中间；
◇ 通过拖动调整控件位置。

【方法2】
◇ 在工具箱中单击选定的控件；
◇ 将变成十字形的鼠标指针定位在窗体上控件出现的左上角位置；
◇ 拖动鼠标指针至控件右下角的位置，松开鼠标左键即可。

（2）选中控件。

【方法1】 在窗体中单击某个控件，控件周围出现 8 个拖曳柄，表示该控件被选中。
【方法2】 按住【Shift】键，单击某几个控件，可同时选中这几个控件。
【方法3】 按住鼠标左键在某几个控件周围拖出一个选择框，也可同时选中这几个控件。

（3）调整控件的大小。

【方法1】
◇ 选中要调整的控件，控件周围出现 8 个拖曳柄；
◇ 将鼠标指针定位到某个拖曳柄上，拖动该拖曳柄直到控件达到所希望的大小为止，角上的拖曳柄可以调整控件水平和垂直方向的大小，而边上的拖曳柄只能调整控件一个方向的大小；

◇ 释放鼠标按钮。

【方法2】

◇ 选中要调整的控件；

◇ 用【Shift】+【↑】【↓】【←】【→】方向键调整控件大小。

(4) 移去(删除)控件。

选中要删除的控件，按【Del】键，控件就会从窗体中移去。

1.2.2 设置界面对象属性

在设计状态下设置或修改控件对象的属性，也在属性窗口中进行。

1. 打开属性窗口

如果属性窗口没有打开，可通过以下方法打开：

【方法1】 单击工具栏上的"属性窗口"按钮。

【方法2】 在"视图"菜单中选择"属性窗口"命令。

【方法3】 在控件上单击鼠标右键，从弹出的快捷菜单上选择"属性窗口"命令。

2. 属性窗口组成(图 1-4)

(1) 对象列表框：显示被选中对象的名称。单击对象列表框右边的箭头，显示当前窗体中的对象列表。

(2) 排序选项卡：从"按字母序"排列的属性列表中进行属性的选取和设置，或从"按分类序"的诸如外观、字体、位置、行为等的类别层次结构视图中进行属性的选取和设置。

(3) 属性列表：左列显示所选对象的属性名，右列可以编辑和查看设置值。

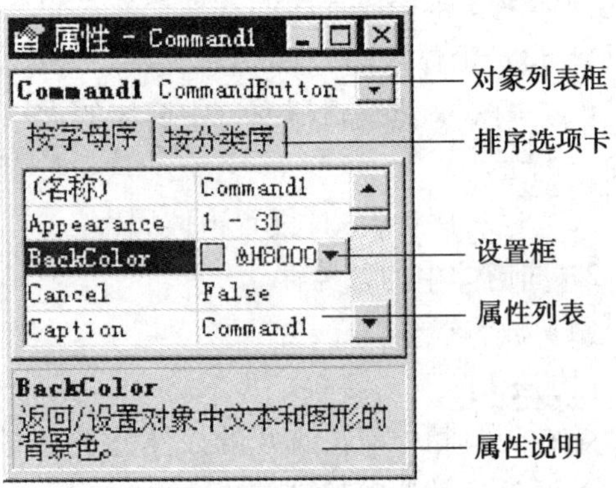

图 1-4 属性窗口

3. 设置属性

在属性窗口中设置或修改属性的方法如下：

(1) 从属性列表中选定属性名。

(2) 在右列中输入或选定新的属性设置值。

> 说明：属性右列中属性设置框右边若有向下的箭头，表示该属性有预定义的设置值列表。单击可以显示这个列表。可在列表中单击列表项，选定属性设置值。也可双击列表项，自动循环显示列表清单，以选定列表项。

1.2.3 编写程序代码

1. "代码编辑器"窗口

"代码编辑器"窗口是编写应用程序代码的地方，打开"代码编辑器"窗口有如下两种方法。

【方法1】 双击要编写代码的窗体或控件。

【方法2】 按"工程资源管理器"按钮,在工程资源管理器窗口中选定窗体或模块的名称,然后单击"查看代码"按钮。

2. 编写代码

(1) 若通过方法1进入代码编辑器窗口(图1-5),代码编辑器窗口将自动显示:
　　Private Sub ＜对象＞_＜事件＞(参数表)

　　End Sub
其中事件为该对象的缺省事件。

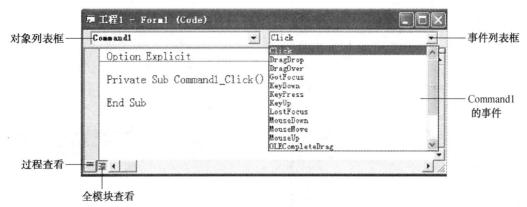

图1-5　代码编辑器窗口

(2) 若通过方法2进入代码编辑器窗口,可以从对象列表框中选取对象,从事件(过程)列表框中选取事件,代码编辑器窗口也将显示:
　　Private Sub ＜对象＞_＜事件＞(参数表)

　　End Sub
在Sub和End Sub这两行代码之间,可填入自己编写的程序代码。

1.2.4　创建、打开和保存工程文件

要创建一个简单的应用程序,只需在窗体上添加几个控件,然后再编写一些必要的程序代码就可以了。其实在后台,集成环境还做了很多其他的工作,例如,为这个应用程序创建一系列文件,来保存应用程序的有关信息。

这些与应用程序有关的文件集合被称为一个工程(一个工程可以包含的文件类型如下表所示),VB对它们进行统一的管理。在工程的所有部件被汇集在一起并完成代码编写之后,便可以编译工程,创建一个可执行程序文件。

文件类型	扩展名	说　　　明
工程文件	.vbp	跟踪所有的部件
窗体文件	.frm、.frx	这些文件包含窗体、窗体上的对象、窗体上的事件响应代码和窗体方法代码

续表

文件类型	扩展名	说　　明
类模块	.cls	该文件是可选项
标准模块	.bas	该文件是可选项
自定义控件	.ocx	该文件是可选项
资源文件	.res	该文件是可选项

1. 创建工程

在"文件"菜单下单击"新建工程"命令，系统将创建一个新的工程。在一个应用程序调试结束后，应创建新工程来建立下一个应用程序。

2. 保存工程

如果是第一次保存工程，系统将依次提示保存窗体、模块和工程，否则系统将自动保存所有修改过的窗体、模块和工程。图 1-6 和图 1-7 为保存工程时的两个对话框。窗体和工程名最好体现出具体程序的功能，也可以同名，系统会自动为不同文件加上不同的扩展名。若对窗体或代码进行了修改，需单击工具栏上的"保存"按钮对该窗体或工程进行再次保存。

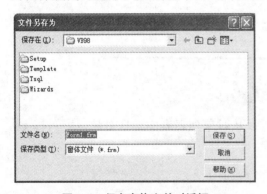
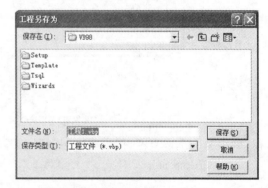

图 1-6　保存窗体文件对话框　　　　　　图 1-7　保存工程文件对话框

3. 打开工程

在"文件"菜单下单击"打开工程"命令，将弹出"打开工程"对话框，如图 1-8 所示，选取要打开的工程文件。

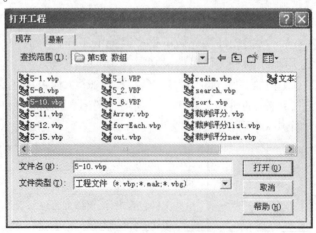

图 1-8　"打开工程"对话框

1.2.5 运行与关闭工程文件

要运行工程文件,只需从"运行"菜单中选择"启动"命令,或者在工具栏上单击按钮▶, VB 就会装入程序窗体并运行。

若要关闭正在运行的工程,返回设计状态,可使用如下几种方法关闭工程文件:

【方法1】 单击工具栏上的按钮■。
【方法2】 在"运行"菜单中单击按钮■结束命令。
【方法3】 单击所有运行窗体标题栏上的按钮☒。

1.3 实 验 内 容

实验 1-1

【题目】 建立一个登录窗口,要求输入口令。

【要求】 输入的口令在文本框中不可见,以"*"替代;单击"确定"按钮时,口令在消息框(MsgBox)中出现;单击"退出"按钮时,结束运行。

【分析】 将文本框的 PasswordChar 属性值设为"*"(只要一个星号),就可以用星号替代键入的字符。

【实验步骤】

1. 窗体设计

在窗体上放置一个 Label 控件、一个 TextBox 控件和两个 CommandButton 控件,按照图 1-9 所示排列控件,设置控件大小。

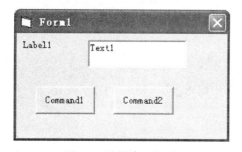
图 1-9 登录窗口(一)

图 1-10 登录窗口(二)

2. 属性设置

对象缺省名	属性名称	属性设置值
Form1	Caption	登录
	Name(名称)	Login
	BorderStyle	1-Fixed Single

续表

对象缺省名	属性名称	属性设置值
Label1	Name(名称)	lblPassword
	AutoSize	True
	Caption	输入口令
	Font	宋体四号字粗体
Text1	Name(名称)	txtPassword
	Text	空
	PasswordChar	*
Command1	Name(名称)	cmdOk
	Caption	确定
	Default	True
Command2	Name(名称)	cmdExit
	Caption	退出

3. 添加程序代码

```
Private Sub cmdExit _ Click( )         '退出
    End
End Sub


Private Sub cmdOk _ Click( )
    MsgBox "输入的口令为:" & txtPassword.Text
End Sub
```

4. 运行程序

单击工具栏上的按钮▶,执行程序,在文本框中输入"vb123",再单击"确定"命令按钮,记录运行结果。运行窗体如图1-10所示。

5. 保存文件

将窗体保存为1-1login.frm,将工程保存为1-1login.vbp。保存时文件名后缀可以省略,系统会自动加上标识文件类型的后缀。

实验 1-2

【题目】 建立一个应用程序,将两个文本框中输入的内容进行交换。

【要求】 单击"交换1"按钮或"交换2"按钮时,两个文本框中输入的内容发生交换。单击"清除"按钮时,清空两个文本框中的内容。

【分析】 实现交换两个存储单元a、b(也称为变量)内容的算法有两种:

● 中间变量法。设t为中间变量,通过下面三条语句交换a、b变量的内容。

t = a：a = b：b = t

- 算术方法。可通过下面三条语句交换 a、b 变量的内容。
  a = a + b：b = a - b：a = a - b

> **说明**：算术方法仅适用于两个变量的内容均为数值类型数据的场合。

【实验步骤】

1. 窗体设计

在窗体上放置两个 Label 控件、两个 TextBox 控件和四个 CommandButton 控件，按照图 1-11 排列控件，设置控件大小。

2. 属性设置

对象缺省名	属性名称	属性设置值
Form1	Caption	交换
Label1	Caption	输入第 1 个数
Label 2	Caption	输入第 2 个数
Text1	Text	空
Text2	Text	空
Command1	Name(名称)	cmdChang1
	Caption	交换
	Default	True
Command2	Name(名称)	cmdChang2
	Caption	交换
Command3	Name(名称)	cmdClear
	Caption	清空
Command4	Name(名称)	cmdExit
	Caption	退出

3. 添加程序代码

```
Option Explicit                              '变量强制说明

Private Sub cmdChang1_Click( )
    Dim temp As Integer
    temp = Text1. Text                       '中间变量法实现交换
    Text1. Text = Text2. Text
    Text2. Text = temp
End Sub

Private Sub Command2_Click( )
    Text1. Text = Val( Text1. Text) + Val( Text2. Text)
                                             'Val( )是字符型转换为数值型的函数
```

```
    Text2.Text = Text1.Text – Text2.Text        '算术法实现交换
    Text1.Text = Text1.Text – Text2.Text
End Sub

End Sub Private Sub cmdExit_Click( )
    Unload Me                                    '从内存中卸载本窗体
End Sub

Private Sub cmdClear_Click( )
    Text1.Text = ""                              '清空文本框
    Text2.Text = ""
    Text1.SetFocus                               '光标定位于文本框1
End Sub
```

4. 运行程序

单击工具栏上的按钮▶，执行程序，在两个文本框中分别输入 35 与 10，单击命令按钮"交换1"，执行结果如图 1-12 所示。单击"清空"按钮并再次输入不同的数据，再单击按钮"交换1"，观察运行结果，看是否实现了交换。

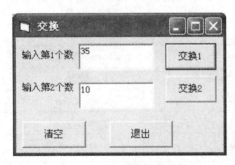

图 1-11　交换应用程序窗体

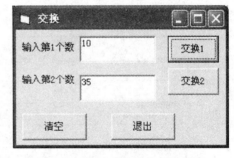

图 1-12　单击交换后的结果界面

5. 保存文件

将窗体保存为 1-2exchange.frm，将工程保存为实验 1-2exchange.vbp。

6. 再次运行程序

单击工具栏上的按钮▶，执行程序，在两个文本框中分别输入 35 与 10，单击按钮"交换2"，观察运行结果，并与前面的结果对比，观察两种交换数据的方法得出的结果是否是一样的。

7. 思考

文本框中的数据类型是字符型，但在运算式中可自动转换为整型数。上面的代码中，第一行代码加了 Val( ) 函数，如果不加 Val( ) 函数，结果会发生什么变化？为什么？这个问题可能一下弄不清楚，当学了教材第 4 章的内容后，就会明白了。

实验　1-3

练习使用 VB 的集成开发环境创建一个简单的应用程序。

【题目】　该程序与教材中例 1-1 类似。先将一个标签 Label 和一个命令按钮 CommandButton 分别放置到窗体上,它们的 Name(名称)属性都采用缺省名,然后将 Label1 的 Caption 属性设为自己的名字,字体设为宋体、四号字,使用 ForeColor 属性将文字颜色设为红色;将 CommandButton 的 Caption 属性设为"确定"。

转换到代码窗口,在 Command1 的 Click 事件中添加适当的代码,使得运行时单击命令按钮即可将自己的名字变换成"我爱 VB!"。

运行程序,并将其保存。将窗体保存为 1-3VB.frm,将工程保存为 1-3VB.vbp。

【实验步骤】 略。

实验 1-4

设计性实验(1)

【题目】 创建一个有趣的"欢迎界面"。

【实验步骤】

1. 窗体设计

在窗体上放置 1 个标签 Label 控件、1 个定时器 Timer 控件,如图 1-13 所示。

图 1-13 "欢迎界面"设计窗体(上)和"欢迎界面"运行效果(下)

2. 属性设置

控件名称	属性名称	属性值
窗体1	Name	frmGame
	Picture	插入一幅背景图片
标签1	Caption	欢迎大家来参加运动会
	Font	华文彩云、粗斜体、小初
	ForeColor	在调色板中选红色
	Backstyle	0
定时器1	Interval	20

背景图片可自行选择。
3. 添加程序代码
```
Option Explicit                          '变量强制说明
Private Sub Timer1_Timer()
    Label1.Move Label1.Left + 20         '标签框左边界向右移动
    If Label1.Left > Form1.Width Then
        Label1.Left = - Label1.Width     '当标签框移出屏幕后,会从另一边出现
    End If
End Sub
```
4. 运行程序
运行程序并观察运行结果。
5. 保存文件
将窗体保存为"1-4 运动会.frm",将工程保存为"1-4 运动会.vbp"。
注:保存好本实验的窗体文件和工程文件,以便以后使用。

实验 2　界面设计

目的和要求

- 学会根据要求设计窗体界面,合理使用常用控件,并对窗体进行布局。
- 掌握 Label、TextBox、CommandButton 等常用控件的使用方法。
- 掌握用程序代码方式设置属性的方法。
- 学会编译 VB 程序、生成".exe"可执行文件的方法,并直接在 Windows 下运行".exe"可执行文件。

2.1　调整窗体布局

为了更好地帮助用户调整窗口布局,VB 的"格式"菜单提供了多种布局方式。

1. 控件对齐

(1) 选中要对齐的多个控件。
(2) 单击作为其他控件对齐标准的控件,该控件的拖曳柄呈填充色。
(3) 在"格式"菜单的"对齐"项中选择对齐方式即可。

2. 按相同大小制作控件

(1) 选中要调整为相同大小的控件。
(2) 单击作为其他控件调整标准的控件,该控件的拖曳柄呈填充色。
(3) 在"格式"菜单的"按相同大小制作控件"项中选择制作方式即可。

3. 调整控件间距

(1) 选中要调整间距的控件。
(2) 在"格式"菜单的"水平间距"或"垂直间距"中选择调整方式即可。

4. 在窗体中居中对齐

(1) 选中要居中对齐的控件。
(2) 在"格式"菜单的"在窗体中居中对齐"中选择"水平居中"或"垂直居中"方式。

2.2　生成可执行文件并在 Windows 环境下运行

对已调试完毕并保存过的 VB 工程,可对其编译生成可在 Windows 环境下直接运行的可执行程序文件(扩展名为".exe")。如发现程序执行时有错,不能对可执行文件进行修改,只能修改原来窗体文件、保存窗体文件和原来的工程文件,并重新生成可执行文件。

1. 生成可执行文件

(1) 从"文件"菜单中,选择"生成工程 1.exe",创建可执行文件。

(2) 在"生成工程"对话框中,键入可执行文件所保存的路径和文件名,单击"确定"按钮。VB 将当前工程编译成可直接在 Windows 下运行的可执行文件。

(3) 退出 VB,如果被提示保存修改,则保存。

2. 运行". exe"文件

(1) 进入 Windows 的"资源管理器"窗口。

(2) 双击刚才生成的可执行文件,就可以运行刚才建立的应用程序。

2.3 实验内容

实验 2-1

【题目】 将标签框中的文字按指定字体和字形效果显示。

【要求】 字体可以变成黑体、宋体和华文行楷等,字形效果有斜体、粗体、下划线或删除线,以及相互叠加等。

【分析】 可用复选框和单选按钮来实现字体变化的控制。

【实验步骤】

1. 窗体设计

在窗体上放置两个框架 Frame 控件、一个标签 Label 控件、四个复选框 CheckBox 控件、三个单选按钮 OptionButton 和一个命令按钮 CommandButton 控件,如图 2-1 所示。

设计界面时,先摆放框架 Frame,然后逐个将复选框、单选按钮摆放到各自的框架中。

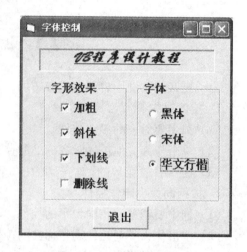

图 2-1 字体显示效果界面

2. 属性设置

控件名称	属性名称	属性值
标签1	Name	lblName
	Caption	VB 程序设计教程
	Font	楷体三号字
	BorderStyle	1
命令按钮1	Name	cmdExit
	Caption	退出
框架1	Caption	字形效果
复选框1	Name	chkBold
	Caption	加粗

14

续表

控件名称	属性名称	属性值
复选框2	Name	chkItalic
	Caption	斜体
复选框3	Name	chkLine
	Caption	下划线
复选框4	Name	chkStrik
	Caption	删除线
框架2	Caption	字体
单选按钮1	Caption	黑体
单选按钮2	Caption	宋体
单选按钮3	Caption	华文行楷

说明：除标签框外其他控件的字体均为宋体、小四号、粗体。

3. 添加程序代码

> **说明**：因为 CheckBox 彼此独立工作，所以用户可以同时选择任意多个 CheckBox。CheckBox 的常用事件为 Click，当单击事件发生时，标签框中的字形效果将会发生改变。OptionButton 是互斥的，一组中只能有一个被选中。当单击事件发生时，标签框中的字体会相应变化。

```
Option Explicit
Private Sub chkFontBold_Click( )
    lblname.FontBold = Not lblname.FontBold
End Sub


Private Sub chkitalic_Click( )
    lblname.FontItalic = Not lblname.FontItalic
End Sub


Private Sub chkUnderline_Click( )
    lblname.FontUnderline = Not lblname.FontUnderline
End Sub


Private Sub chkStrikethru_Click( )
    lblname.FontStrikethru = Not lblname.FontStrikethru
End Sub
```

```
Private Sub Option1_Click( )
    lblname.FontName = "黑体"
End Sub

Private Sub Option2_Click( )
    lblname.FontName = "宋体"
End Sub

Private Sub Option3_Click( )
    lblname.FontName = "华文行楷"
End Sub

Private Sub cmdexit_Click( )
    End
End Sub
```

> **说明**：CheckBox ☑ 表明一个特定的状态是选定还是其他情况，它通过 Value 属性体现出来。当某个 CheckBox 被选定时，Value 值为 1；未选定，Value 值为 0；不可选（变灰），Value 值为 2。因为 CheckBox 彼此独立，所以用户可以同时选择任意多个 CheckBox。CheckBox 的常用事件为 Click，当单击事件发生时，标签框的属性将会得到改变。

4．运行程序

单击工具栏上的运行按钮，运行程序，点击各个复选框和单选按钮观察运行结果。

5．保存工程

将窗体保存为 2-1ChangeFont.frm，将工程保存为实验 2-1ChangeFont.vbp。

实验 2-2

【题目】 编制一程序，对输入的成绩做出是否及格的判断。

【要求】

● 输入分数后，按回车键即可得到是否及格的结论。

● 单击"清除"按钮后，将两个文本框中的内容清除，并将焦点设在输入分数的文本框中。

【分析】 判断代码应加在输入分数文本框的按键事件 KeyPress 中，对每一个按键的 ASCII 码用系统提供的参数 KeyAscii（接受的是用户击键产生的 ASCII 码值）进行判断，当按回车键时，表示输入数据的结束，接着执行判断成绩是否及格的代码。

【实验步骤】

1．窗体设计

在窗体上放置两个 Label 控件、两个 TextBox 控件和两个 CommandButton 控件，如图 2-2 所示。

图 2-2 "及格判断"程序运行界面

2. 属性设置

控件名称	属性名称	属性值
标签 1	Name	lblScore
	AutoSize	True
	Caption	分数:
标签 2	Name	lblPass
	AutoSize	True
	Caption	结果:
文本框 1	Name	txtScore
	Text	空
文本框 2	Name	txtPass
	Text	空
命令按钮 1	Name	cmdExit
	Caption	退出
命令按钮 2	Name	cmdClear
	Caption	清除

说明:所有汉字字体均为宋体、小四号、粗体。

3. 添加程序代码

```
Private Sub cmdExit_Click( )
    Unload Me
End Sub

Private Sub cmdClear_Click( )
    txtScore.Text = ""
    txtPass.Text  = ""
    txtScore.SetFocus              '分数文本框设为焦点
End Sub

Private Sub txtScore_KeyPress(KeyAscii As Integer)
```

```
        If KeyAscii = 13 Then            '回车键的 ASCII 码值为 13
            If Val(txtScore.Text)>=60 Then
                txtPass.Text ="及格"
            Else
                txtPass.Text ="不及格"
            End If
        End If
    End Sub
```

4. 运行程序

运行程序并记录运行结果。

5. 保存文件

保存窗体文件和工程文件。

6. 思考

用文本框 txtScore 的 change 事件,能实现题目要求吗?

实验 2-3

设计性实验(2)

【题目】 根据运动员编号和性别的不同,在列表框中选择运动项目,显示该运动员的参赛项目。

【分析】 因为性别是互斥的,所以可用单选按钮的点击事件来驱动。

【实验步骤】

1. 窗体设计

在窗体上放置一个文本框 Text 控件、一个框架 Frame 控件、两个单选 OptionButton 控件、三个标签 Label 控件、一个列表框 ListBox 控件、一个图片框 Picture 控件和一个复选框 CheckBox 控件。应该注意的是先放置 Frame 控件,再在其中放置 OptionButton 控件。用控件箱中画线工具 Line 在窗体上画出一条竖线。"运动员登录"界面如图 2-3 所示。

图 2-3 "运动员登录"程序运行界面

2. 属性设置

控件名称	属性名称	属性值
窗体 1	Name	frmAthlete
标签 1	Caption	测试项目
文本框 1	Name	txtNo
	Caption	（清空）
标签 2	Caption	点击参加的运动项目
标签 3	AutoSize	True
	Visible	False
列表框 1	Name	lstItem
框架 1	Caption	选择性别
单选按钮 1	Name	optMale
	Caption	男
单选按钮 2	Name	optFemale
	Caption	女
图片框	Name	picItem
复选框	Caption	确认

3. 添加程序代码

```
Option Explicit
Private Sub Form_Activate( )
    txtNo.SetFocus              '文本框聚焦
    Label3.Visible = False
End Sub

Private Sub optMale_Click( )    '设置对应性别为"男"的测试项目
    lstItem.Clear               '列表框清空
    lstItem.AddItem "铅球"
    lstItem.AddItem "跳远"
    lstItem.AddItem "800 米"    '可以用上述方法添加其他运动项目
End Sub

Private Sub optFemale_Click( )  '设置对应性别为"女"的测试项目
    lstItem.Clear
    lstItem.AddItem "跳高"
    lstItem.AddItem "标枪"
```

```
        lstItem. AddItem "400 米"           '可以用上述方法添加其他运动项目
    End Sub

    Private Sub txtNo_LostFocus( )
        Label3. Visible = True
        Label3. Caption = txtNo & "号运动员参赛项目"           '动态显示运动员编号
        picItem. Cls                        '图片框清空
    End Sub

    Private Sub lstItem_Click( )
        picItem. Print lstItem. Text         '将选中的列表项输出到右边的图片框中
    End Sub

    Private Sub cmdExit_Click( )            '退出
        End
    End Sub
```

> 说明：(1) OptionButton ⊙ 表示给用户一组两个或更多的选择。但是，不同于 CheckBox ☑，选项按钮是互斥的，在同一组中只能有一个选项按钮处于选中状态。
>
> (2) 直接放在一个窗体中（也就是不在框架 Frame 控件或图片框 PictureBox 控件中）的所有的选项按钮构成一组。如果想创建别的选项按钮组，必须先在窗体上放好 Frame 控件或 PictureBox 控件，然后将选项按钮放到 Frame 或 PictureBox 控件中，组成一个独立的功能。
>
> (3) 在一组选项按钮中，有时需要设定一个按钮的初始值为"True"。可以在 Form_Load 事件中用代码设置初始按钮状态（OptionButton. Value = True），也可以在设计窗体时将某一个 OptionButton 的 Value 属性设置为"True"。

4. 运行程序

反复点击两个单选按钮，观察运行结果。

5. 保存文件

将窗体文件保存为"2-3 运动员. frm"，将工程文件保存为"2-3 运动员. vbp"。

注：保存好本实验的窗体文件和工程文件，以便以后使用。

6. 思考

可以用文本框代替输出的图片框吗？请你试试，观察运行结果。

实验 2-4

【题目】 制作计时器应用程序。

【要求】 时间能像电子表一样每秒发生一次变化，能记录时间长度（用秒表示）。

【分析】 需要通过定时器控件 Timer 来实现题目要求。取出系统时间用 Time 函数。

【实验步骤】

1. 窗体设计

在窗体上放置两个 Label 控件、两个 CommandButton 控件(设计成图形按钮)和一个 Timer 控件(运行时不可见),运行时如图 2-4 所示。

图 2-4 "计时器"程序运行界面

2. 属性设置

控件名称	属性名称	属性值
标签 1	Caption	(清空)
	BorderStyle	1
标签 2	Caption	(清空)
	BorderStyle	1
命令按钮 1	Caption	计时开始
	Style	1
	Picture	加载一幅图片
命令按钮 2	Caption	时间到
	Style	1
	Picture	加载一幅图片
定时器	Interval	1000
	Enabled	False

说明:定时器的 Interval 属性为时间间隔,设为 1000 表示每 1 秒触发一次。

3. 添加程序代码

```
Option Explicit
Dim t As Integer                    '声明变量

Private Sub Command1_Click( )
    t = 0
    Timer1. Enabled = True
End Sub
```

```
Private Sub Command2_Click( )
    Timer1. Enabled = False
    Label1. Caption = Time
    Label2. Caption = t & """"        '用""""显示双引号作为秒的单位符号
End Sub

Private Sub Timer1_Timer( )
    t = t + 1                         '累计时间,单位为秒
    Label1. Caption = Time
    Label2. Caption = t & """"
End Sub
```

4．运行程序

观察运行结果(定时器控件运行时是不可见的)。

5．保存文件

保存窗体文件和工程文件。

实验 2-5

【题目】
● 请将上面的计时器应用程序编译成可执行文件,并退出 VB 环境在 Windows 下直接运行。
● 观察工程文件(.vbp)和可执行文件(.exe)的大小,并记录。
【实验步骤】略。

实验 2-6

【题目】 设计一个包含双窗体的工程,练习有关窗体的事件和方法。参考界面如图 2-5 所示。

【要求】 通过按钮切换两个窗体。

【分析】 进行添加窗体的操作。在菜单栏中单击"工程"菜单中的"添加窗体"命令,在弹出的"添加窗体"对话框中的"新建"选项卡中选择"窗体",然后单击"打开"按钮,在"工程资源管理器"中就可看到 Form2。

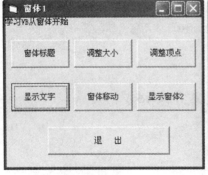
窗体1界面

窗体2界面

图 2-5 双窗体界面

【实验步骤】
1. 窗体设计

在窗体1上放置七个CommandButton控件,在窗体2上放置一个图片框PictureBox和两个CommandButton控件,如图2-5所示。通过Picture1的Picture属性加载一幅图片(实验者可从实验计算机的图片库中任选一幅图片)。

2. 属性设置

略。

3. 添加程序代码

窗体1中的代码如下:

```
Private Sub Command1_Click
    Form1.Caption = "窗体示例"
End Sub

Private Sub Command2_Click()
    Form1.Height = 7000
    Form1.Width = 7000
End Sub

Private Sub Command3_Click()
    Form1.Left = 2000
    Form1.Top = 1500
End Sub

Private Sub Command4_Click()
    Form1.Print "学习VB从窗体开始"
End Sub

Private Sub Command5_Click()
    Form1.Move Form1.Left + 1000
End Sub

Private Sub Command6_Click()
    Form2.Show
    Form1.Hide
End Sub

Private Sub Command7_Click()
    End
End Sub
```

窗体 2 中的代码如下：
```
Private Sub Command1_Click( )
    Picture1.Visible = False
End Sub

Private Sub Command2_Click( )
    Form1.Show
    Form2.Hide
End Sub
```
4. 运行程序
单击不同的按钮，观察运行结果。
5. 保存文件
分别保存窗体 1 和窗体 2，再保存工程文件。
6. 思考
请想办法将隐藏的图片再显示出来。

注意：当一个工程包含多个窗体时需要将每一个窗体单独保存，然后再保存工程文件。下次需要重新打开时，必须双击工程文件，否则窗体将不能全部装载。

实验 3　菜单设计

目的和要求

- 掌握菜单设计器窗口的使用操作方法。
- 掌握下拉式菜单和弹出式菜单的设计方法。

3.1　菜单设计基础

菜单是改善用户界面的重要手段,如果应用程序要为用户提供一组命令,可用菜单对命令分组,使用户很方便、容易地访问这些命令。在复杂程序中,一般要用多窗体来完成各种子功能,窗体之间的切换也可以通过菜单实现。

菜单条出现在窗体的标题栏下面,并包含一个或多个菜单标题,如图 3-1 所示。当单击一个菜单标题(如"选项"),包含菜单项的列表就被拉下来。菜单项可包括命令(如"按钮示例"和"文本框示例")、分隔线和子菜单标题。

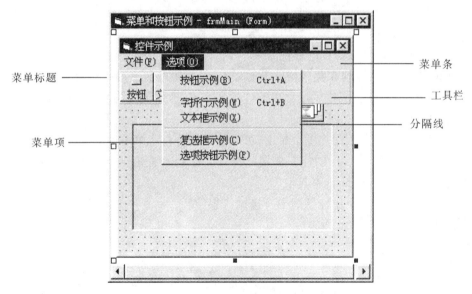

图 3-1　VB 6.0 窗体的菜单界面元素

使用 VB 6.0 的"菜单编辑器",可在现存的菜单中增加新命令或用自己的命令替代现存的菜单命令,产生新的菜单和菜单条,可改变和删除现存菜单和菜单条。"菜单编辑器"的主要优点是使用方便,可以在全交互方式中自定义菜单。

显示菜单编辑器有两种方法：

【方法1】 在"工具"菜单中，选取"菜单编辑器"命令，如图3-2所示。

【方法2】 在"工具栏"上单击"菜单编辑器"按钮，就会打开"菜单编辑器"对话框，如图3-3所示。

图3-2 选取"菜单编辑器"命令

图3-3 "菜单编辑器"对话框

1. 菜单控件的两个最重要的属性

◇ 标题(Caption)：出现在菜单控件上的文本，一般用中文书写；

◇ 名称(Name)：在代码中引用菜单控件的名字，一般用英文书写。

2. 分隔菜单项

一般情况下，在菜单项很多的菜单上，可以使用划分符将菜单项划分成一些逻辑组。标题为连字符"－"的菜单项，将创建一个划分符。虽然划分符是当作菜单控件来创建的，但它们不响应 Click 事件，也不能被选取。

划分符产生方法：在菜单标题框中直接输入连字符"－"（不要输引号），注意菜单名称项不能省略。

3. 定义访问键

在 Windows 菜单中，出现在菜单标题中带下划线的字符是该菜单的访问键。访问键允许按下【Alt】键并输入一个指定字符来打开一个菜单。当菜单处于打开状态时，通过按下某个菜单项的访问键就可以执行该菜单项。

访问键定义方法：在菜单标题中指定字符前加上字符"&"即可。例如，文件菜单的标题为"文件(&F)"，运行时就会显示"文件(F)"。

4. 定义快捷键

按下快捷键时会立即运行一个菜单命令，可以为频繁使用的菜单项定义一个快捷键。即使该菜单项所在的菜单没有打开，也能执行指定的菜单项，所以快捷键比访问键的操作更简单快捷。

快捷键的设置包括控制键、功能键和字母键的组合。例如,【Ctrl】+【A】或【Ctrl】+【F1】,它们出现在菜单中相应菜单项的右边。

快捷键定义方法:在"菜单编辑器"窗口中的快捷键下拉列表中选择对应的快捷键。

说明:主菜单(一级菜单)不能定义快捷键。

5. 菜单标题与命名规则

(1)标题:用简短、唯一的词表示;若执行菜单项时需要附加信息(如对话框),应该在菜单项后面增加省略号。

(2)命名:为了使程序代码可读性和可维护性更好,给菜单项命名时建议采用命名约定方法。即用 mnu 表示菜单控件,其后紧跟顶层菜单的名称(如 mnuFile),子菜单其后再紧跟该子菜单的名称(如 mnuFileNew),这种命名方法也适合于其他控件。

6. 多级菜单的编辑调整

菜单控件列表框中靠左边的是主菜单,利用菜单编辑器上的"左移"和"右移"编辑按钮 ← 、→ 可以随意地将菜单项变为子菜单或主菜单;利用菜单编辑器上的"上移"和"下移"编辑按钮 ↑ 、↓ 可以随意地改变菜单项的顺序;利用菜单编辑器上的编辑按钮 下一个(N) 、插入(I) 、删除(T) 可以对菜单项进行"添加"、"插入"和"删除"操作。

说明:VB 6.0 中最多可以产生 6 级菜单。

3.2 弹出式菜单

弹出式菜单设计方法与下拉式菜单类似,但要将主菜单的"可见"属性置"否"(将复选框中的"√"去掉)。

弹出式菜单需要添加语句,调用弹出式菜单的语句如下:

    object.PopupMenu menuname,flags,x,y,boldcommand

其中:

object:可选项,为指定对象,若缺省,则为当前的 Form 对象;

menuname:必选项,为指定的弹出式菜单名;

flags:可选项,为一个数值或常数,按照下列设置中的描述,用以指定弹出式菜单的位置和行为。

用于 flag 的设置值如下表所示。

常 数	数值	描 述
vbPopupMenuLeftAlign	0	(缺省值)弹出式菜单的左边定位于 x
vbPopupMenuCenterAlign	4	弹出式菜中间定位于 x
vbPopupMenuRightAlign	8	弹出式菜单的右边定位于 x

续表

常　数	数值	描　述
vbPopupMenuLeftButton	0	（缺省值）仅当使用鼠标左按钮时，弹出式菜单中的项目才响应鼠标单击
vbPopupMenuRightButton	2	不论使用鼠标右按钮还是左按钮，弹出式菜单中的项目都响应鼠标单击

x 和 y：可选项，指定显示弹出式菜单的坐标位置（与 flags 参数配合使用）。如果省略该参数，则使用鼠标当前位置。

boldcommand：可选项，指定弹出式菜单中的菜单控件的名字，用以显示其黑体正文标题。如果该参数省略，则弹出式菜单中没有以黑体字出现的菜单项。

3.3　实　验　内　容

实验　3-1

【题目】　建立一个窗体菜单，测试快捷键和访问键的功能。在窗体上放置一个文本框，根据菜单中选择的颜色，变换文本框的背景色。

【实验步骤】

1. 设计菜单

利用"工具"菜单的"菜单编辑器"命令，建立如图 3-4 所示菜单。

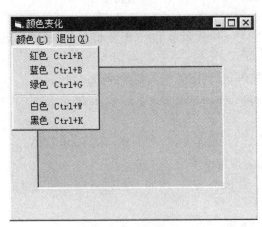

图 3-4　下拉菜单

2. 属性设置

标　题	名　称	快捷键
颜色(&C)	mnuColor	
…红色	mnuRed	【Ctrl】+【R】

续表

标　题	名　称	快捷键
…蓝色	mnuBlue	【Ctrl】+【B】
…绿色	mnuGreen	【Ctrl】+【G】
…-	line	
…白色	mnuWhite	【Ctrl】+【W】
…黑色	mnuBlack	【Ctrl】+【K】
退出(&X)	mnuExit	

3．添加程序代码

```
Private Sub mnuExit_Click( )
    End
End Sub

Private Sub mnuBlack_Click( )
    Text1.BackColor = RGB(0, 0, 0)
End Sub

Private Sub mnublue_Click( )
    Text1.BackColor = RGB(0, 0, 255)
End Sub

Private Sub mnuExit_Click( )
    Unload Me
End Sub

Private Sub mnuGreen_Click( )
    Text1.BackColor = RGB(0, 255, 0)
End Sub

Private Sub mnuRed_Click( )
    Text1.BackColor = RGB(255, 0, 0)
End Sub

Private Sub mnuWhite_Click( )
    Text1.BackColor = RGB(255, 255, 255)
End Sub
```

4．运行程序

测试程序,测试快捷键和访问键,观察运行结果。

5．保存文件

保存窗体文件和工程文件。

实验 3-2

【题目】 在实验 3-1 的基础上添加一个弹出式菜单,并测试弹出式菜单的执行情况。如图 3-5 所示。

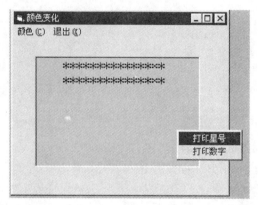

图 3-5 弹出式菜单

【分析】 使用弹出式菜单与下拉菜单不同,弹出式菜单需要在 Form_MouseDown 事件过程中添加代码。

【实验步骤】

1．增添菜单

在实验 3-1 的菜单中增加一个菜单项,如下表所示。

标　题	名　称	可见性
弹出菜单	mnuPop	False
…打印星号	mnuPopStar	
…打印字母	mnuPopNum	

2．修改属性

将 Text1 的对齐属性 Alignment 设为"2"(居中),多行属性 MulitLine 设为"True",字体属性 Font 设为"小三"。

3．添加程序代码

　　Private Sub Form_MouseDown(Button As Integer, Shift As Integer, X As Single, Y As Single)

　'如果在窗体上按下鼠标右键,则弹出菜单

　　　If Button = 2 Then　Form1. PopupMenu mnuPop, 4

```
        End Sub

    Private Sub mnuPopNum_Click( )
        Text1.Text = ""
        Text1.Text = "1 2 3 4 5 6 7 8 9 0" & Chr(13) & Chr(10) & "0 9 8 7 6 5 4 3 2 1"
    End Sub

    Private Sub mnuPopStar_Click( )
        Text1.Text = ""
        Text 1.Text = "***************" & Chr(13) & Chr(10) & "**********
            *****"
    End Sub
```

4. 运行程序

运行程序,观察运行结果。结果界面如图 3-5 所示。

5. 保存文件

保存窗体文件和工程文件。

实验 3-3

设计性实验(3)

【题目】 组合设计运动会应用程序。

【要求】

● 在"1-4 运动会.frm"窗体上添加菜单,菜单包括如下表所示项目。

标　题	名　称	快捷键
数据录入(&R)	Input	
…运动员登录	Login	【Ctrl】+【L】
…成绩录入	Result	【Ctrl】+【S】
…退出	Exit	【Ctrl】+【E】
成绩统计(&C)	Stat	
…成绩排序	Sort	【Ctrl】+【D】
…个人总分	Total	【Ctrl】+【X】
信息查询(&I)	Inquire	
…运动员信息	Information	【Ctrl】+【I】
…运动项目	Item	【Ctrl】+【M】
关于(&A)	About	
退出(&Q)	Quit	

● 单击"数据录入"主菜单项中的"运动员登录"子菜单项时,能够弹出实验 2-3 中的 "2-3 运动员.frm"窗体。

【实验步骤】

1. 增添菜单

（1）将"1-4 运动会.vbp"工程打开，在"1-4 运动会.frm"窗体上添加如上表所示菜单项目。完成后的效果如图 3-6 所示。

图 3-6 欢迎界面的菜单效果

（2）在代码窗口的"对象"下拉列表中分别选择"Login"、"Exit"和"Quit"菜单项，在对应的 Click 事件中添加代码。

  Private Sub Login_Click( )
    Me.Hide
    frmathlete.Show
  End Sub

  Private Sub Quit_Click( )
    End
  End Sub

  Private Sub Exit_Click( )
    End
  End Sub

2. 添加窗体

（1）在菜单条中单击"工程"菜单中的"添加窗体"命令，在弹出的"添加窗体"对话框（图 3-7）中的"现存"选项卡中，查找到实验 2-3 中的"2-3 运动员.frm"，单击"打开"按钮。发现在"工程资源管理器"中多了一个窗体，这个窗体中原有的控件和代码也一并被加载进来。

（2）在"2-3 运动员.frm"窗体的右下角添加一个 CommandButton 按钮，将其 Caption 属性设为"返回"，并在该按钮的 Click 事件中添加如下代码：

  Private Sub Command1_( )
    Me.Hide

　　　　frmGame.Show
　　　End Sub

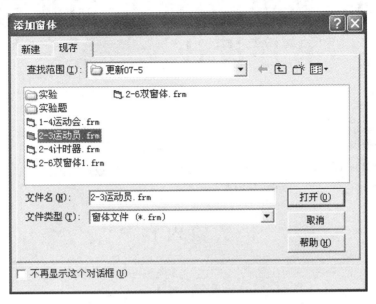

图 3-7　"添加窗体"对话框中的"现存"选项卡

3. 运行程序

单击"数据录入"主菜单项中的"运动员登录"子菜单项,当"运动员登录"窗体出现后,单击"返回"按钮,观察运行结果。可以点击主菜单和子菜单中的"退出"菜单项结束工程。

4. 保存文件

分别通过"文件"菜单中的"窗体另存为"和"工程另存为"对修改后的窗体和工程进行保存。窗体文件名分别为"3-3 运动会.frm"和"3-3 运动员.frm",工程文件名为"3-3 运动会.vbp"。观察"工程资源管理器"中的变化情况(图 3-8)。

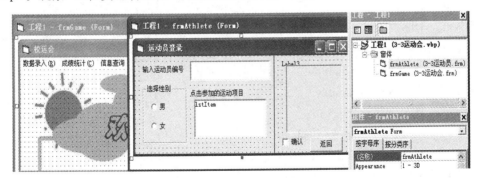

图 3-8　3-3 运动会工程及两个窗体

注:请保存好本实验的窗体文件和工程文件,以便以后使用。

33

实验 4　数据、表达式、函数与简单程序设计

目的和要求
- 掌握 VB 中常用数据类型的特征及表示范围。
- 熟悉 VB 中各类表达式的特点、运算优先级及结果的数据类型。
- 学习常用公共函数的功能及用法。

实验内容

实验　4-1

【题目】　验证合法的变量名称,为不同类型的数据进行赋值、输出。

【要求】　记录验证结果(在每条语句的后面进行注释,也可在书上记录),找出错误原因并修改。

【实验步骤】

1. 添加程序代码

在窗体的单击事件中,输入下列代码:

```
Option Explicit

Private Sub Form_Click()
    Dim 5Fg As Integer              '①
    Dim L*og As Long                '②
    Dim s-ig As Single              '③
    Dim dob_As Double               '④
    Dim _Name As String             '⑤
    Dim bln@ Frag As Boolean        '⑥
    Dim do As Data                  '⑦
End Sub
```

2. 修改错误

记录错误类型,参见图 4-1,将出错的变量名称进行修改,使其不再出错。

图 4-1　各类错误

3．观察结果

分别为以上 6 个不同类型的变量进行赋值,具体数据为:

① 32768(或 –32768、–32769)

结果＿＿＿＿＿＿＿＿＿＿＿＿＿＿＿＿＿＿＿＿＿＿＿＿＿＿＿＿＿＿＿＿＿＿＿

② 32768(或 –32768、–32769)

结果＿＿＿＿＿＿＿＿＿＿＿＿＿＿＿＿＿＿＿＿＿＿＿＿＿＿＿＿＿＿＿＿＿＿＿

③ 1234567.12345678(或 123456789.123、1.12345678)

结果＿＿＿＿＿＿＿＿＿＿＿＿＿＿＿＿＿＿＿＿＿＿＿＿＿＿＿＿＿＿＿＿＿＿＿

④ 1234567.12345678(或 123456789.123、1.12345678)

结果＿＿＿＿＿＿＿＿＿＿＿＿＿＿＿＿＿＿＿＿＿＿＿＿＿＿＿＿＿＿＿＿＿＿＿

⑤ "abf"(或"1234"、"123abc")

结果＿＿＿＿＿＿＿＿＿＿＿＿＿＿＿＿＿＿＿＿＿＿＿＿＿＿＿＿＿＿＿＿＿＿＿

⑥ True(或 False、0、1、–1)

结果＿＿＿＿＿＿＿＿＿＿＿＿＿＿＿＿＿＿＿＿＿＿＿＿＿＿＿＿＿＿＿＿＿＿＿

⑦ #10/06/2007#(或#Jun 10 2007#、#Jun–10–2007#、#Jun,10,2007#、#8:20:20 PM#)

结果＿＿＿＿＿＿＿＿＿＿＿＿＿＿＿＿＿＿＿＿＿＿＿＿＿＿＿＿＿＿＿＿＿＿＿

例如:将变量名 5Fg 改为 Fg 后,第一条说明语句不再出错了。添加下列语句,对 Fg 赋值并输出。

　　Fg = 32768

　　Print Fg

在运行程序时,单击窗体会见到"溢出错误"(图 4-2)提示。出错的原因是:32768 超出了 Integer 的表示范围。

图 4-2　运行错误提示

4. 总结

通过以上实验,可得出一些有趣的结论,比如:

(1) 整型数(Integer 类型)的取值范围是:_____。

(2) 单精度数据的有效位数是_____,当整数部分超过有效位数,就用_____输出,当小数部分超过有效位数,就用_____输出。

(3) _____。

(4) _____。

(5) _____。

5. 保存文件

实验 4-2

【题目】 验证不同数据类型之间的运算,并判断结果的数据类型。

【要求】 记录验证结果(在每条语句的后面进行注释,也可在书上记录),找出错误原因。

【分析】 在实际编写程序中我们应尽量避免不同类型变量之间的运算和相互赋值,因为可能会引起"类型不匹配"的错误。但我们应该清楚哪些情况是允许的,哪些情况会出错。

【实验步骤】

1. 窗体设计

在窗体上放置 2 个 CommandButton 控件。

2. 添加程序代码

```
Option Explicit

Private Sub Form_Click()
    '判断下面表达式的结果类型,与图 4-3 进行比较
    '不同类型的常数运算,显示结果类型
    '类型说明字符:%—Integer, &—Long, !—Single, #—Double
    'TypeName()函数可以求出数据的类型名称
    Print
    Print "    加法运算"; "结果类型"
    Print "1:1 +1"; TypeName(1 + 1)
    Print "2:1 +1&"; TypeName(1& + 1)
    Print "3:1 +1!"; TypeName(1! + 1)
    Print "4:1 +1#"; TypeName(1# + 1)
    Print "5:1& +1&"; TypeName(1& + 1&)
    Print "6:1& +1!"; TypeName(1! + 1&)
    Print "7:1& +1#"; TypeName(1# + 1&)
    Print "8:1! +1!"; TypeName(1! + 1!)
    Print "9:1! +1#"; TypeName(1# + 1!)
```

```
        Print"10:1# + 1#"; TypeName(1# + 1#)
    End Sub
```

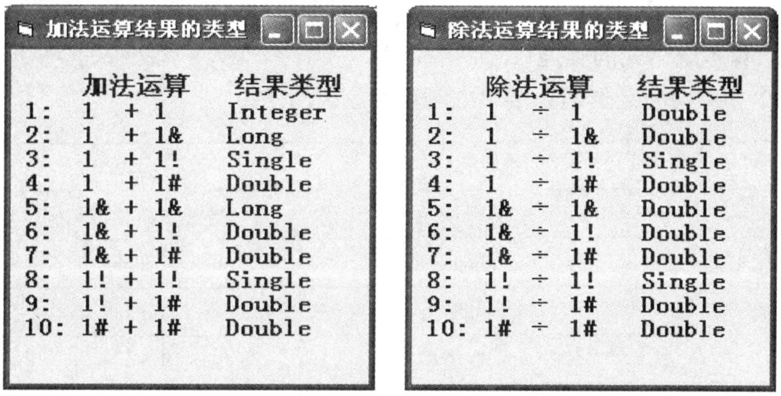

图 4-3　不同类型数据加、除运算结果的类型

```
Private Sub Command1_Click()
    '判断下面表达式的结果类型
    Dim a As Integer, b As Single, c As Single
    Print (a < 2 = 3), TypeName(a < 2 = 3)
    Print b^2 - 4 * a * c > 0
    Print "ABC" > "ACB"
    Print "ABC" = "abc"
    Print #1/1/2007# - #1/1/2000#, TypeName(#1/1/2007# - #1/1/2000#)
    Print "30" + 140, TypeName("30" + 140)
    Print 200 + True, TypeName(200 + True)
End Sub

Private Sub Command2_Click()
    Print "123" & 456
    Print "123" + 456
    Print "123ab" & 246
    Print "123ab" + 246
End Sub
```

3. 运行程序,观察、记录结果

图 4-3 左边的一幅图是 Form_Click() 事件过程的运行结果,图中显示了不同类型数据进行加法运算所得结果的类型。如果用"/"运算符替换过程中的"＋"号,再执行 Form_Click() 事件过程,就会得到显示不同类型数据进行除法等运算的结果类型的图。

4. 阅读和完善下面的结论

（1）Integer、Long、Single、Double 类型数据相加、相减和相乘的结果类型完全一样（向存储位数长的数据类型方向变化）,Single + Long = Double 即单精度与长整形数据的运算结果为双精度型。为什么？_____。

（2）除法中只有 2 组(3、8)结果类型为 Single，其余均为 Double。为什么？_____
_____。

5．保存文件

6．小结：算术表达式的类型

（1）两个相同类型数据运算结果的类型如下表所示。

运算符	两个操作数类型	表达式类型
+ - *	类型相同	与操作数类型相同
/	Single	Single
	非 Single 类型	Double
^	任意类型	Double
\	Integer	Integer
	非 Integer 类型	Long
MOD	Integer	Integer
	非 Integer 类型	Long

（2）两个不同类型数据运算结果的类型如下表所示。

运算符	操作数 1 类型	操作数 2 类型	表达式类型
+ -	Integer	Single	Single
	Integer	Long	Long
	Currency	其他类型	Currency
	其他不同类型的操作数		Double
*	Integer	Single	Single
	Integer	Long	Long
	Currency	Integer 或 Long	Currency
	其他不同类型的操作数		Double
/	Integer	Single	Single
	其他不同类型的操作数		Double
^	任意两个不同类型的操作数		Double
\	任意两个不同类型的操作数		Long
MOD	任意两个不同类型的操作数		Long

实验 4-3

【题目】 验证三种取整函数的返回值的类型；找出将实型数转换成整型数的规律；利用日期函数获得各类日期信息。

【要求】 记录验证结果（在每条语句的后面进行注释，也可在书上记录）。

【分析】

● Int、Fix 和 CInt 函数返回的值都是整数,但返回值的类型不一定是整型。用各种类型的数据进行取整操作,并用 TypeName( )函数验证返回值的类型。

● 将一个含小数的数值赋给整型变量时,VB 要将实数转化为整型数后再赋值给整型变量,实型—整型的类型变化并不是全部按"四舍五入"的规律进行取整的。

● 系统日期可以通过 Date 函数得到,年号、月份、日期和星期号也可分别通过 Year、Month、Day、WeekDay 等函数获得。要注意的是,通过 WeekDay 获得的星期号是数值表示的 1～7,而非大写的"星期一"～"星期日"。

【实验步骤】

1. 窗体设计

在窗体上放置一个 PictureBox 控件、一个 ListBox 控件和四个 CommandButton 控件。

2. 属性设置

略。

3. 添加程序代码

```
Option Explicit
Private Sub Command1_Click( )
    '取整函数运算值,记录结果
    List1.Clear
    List1.AddItem "取整函数运算"
    List1.AddItem "Int(3.56) =" & Str(Int(3.56)) & "Int( -3.56) =" & Str(Int_
        ( -3.56))
    List1.AddItem "Fix(3.56) =" & Str(Fix(3.56)) & "Fix( -3.56) =" & Str(Fix_
        ( -3.56))
    List1.AddItem "CInt(3.56) =" & Str(CInt(3.56)) & "CInt( -3.56) =" & Str(CInt_
        ( -3.56))
    '取整函数的结果类型
    List1.AddItem "取整函数结果类型"
    List1.AddItem "Int(X)"
    List1.AddItem "参数类型:" & "Integer" & "Long" & "Single" & "Double"
    S = TypeName(Int(0)) & " " & TypeName(Int(0&)) & " " & TypeName(Int_
        (0!)) & " " &_TypeName(Int(0#))
    List1.AddItem "结果类型:" & S
    List1.AddItem "Fix(X)"
    List1.AddItem "参数类型:" & "Integer" & " Long" & " Single" & " Double"
    S = TypeName(Fix(0)) & " " & TypeName(Fix(0&)) & " " & TypeName(Fix_
        (0!)) & " " &_TypeName(Fix(0#))
    List1.AddItem "结果类型:" & S
    List1.AddItem "Cint(X)"
    List1.AddItem "参数类型:" & "Integer" & " Long" & "Single" & "Double"
```

```
        S = TypeName(CInt(0)) & " " & TypeName(CInt(0&)) & " " & _
            TypeName(CInt(0!)) & " " & TypeName(CInt(0#))
        List1.AddItem "结果类型:" & S
        List1.AddItem "结果类型:" & TypeName(Int(0)) & " " & TypeName(Int_
            (0&)) & _" " & TypeName(Int(0!)) & " " & TypeName(Int(0#))
                                                    '空格加下划线是续行标志
        List1.AddItem "Fix(X)"
        List1.AddItem "参数类型:" & "Integer" & " Long" & " Single" & " Double"
        List1.AddItem "结果类型:" & TypeName(Fix(0)) & " " & TypeName(Fix_
            (0&)) & _" " & TypeName(Fix(0!)) & " " & TypeName(Fix(0#))
        List1.AddItem "Cint(X)"
        List1.AddItem "参数类型:" & "Integer" & " Long" & "Single" & "Double"
        List1.AddItem "结果类型:" & TypeName(CInt(0)) & " " & TypeName(CInt_
            (0&)) & _" " & TypeName(CInt(0!)) & " " & TypeName(CInt(0#))
End Sub
Private Sub Command2_Click()
        '取整的规律,记录I的值
        Dim I As Integer
        List1.Clear
        List1.AddItem "实数转换成整数的规律"
        I = 1.5: List1.AddItem "1.5 ->" & I                  '_____
        I = 2.5: List1.AddItem "2.5 ->" & I                  '_____
        I = 1.50001: List1.AddItem "1.50001 ->" & I          '_____
        I = 2.50001: List1.AddItem "2.50001 ->" & I          '_____
        List1.AddItem "Format 函数中小数进位"
        List1.AddItem Format(1234.55, "##,##.0")             '_____
        List1.AddItem Format(1234.65, "#,###.0")             '_____
        List1.AddItem Format(1234.658, "#,###.0%")           '_____
End Sub

Private Sub Command3_Click()
        '日期函数
        'Rq 为当前系统日期,y 为年号,m 为月份,d 为日期,w1、w2 为数值型的星期号
        Dim y As Integer, m As Integer, d As Integer, w1 As Integer
        Dim Rq As Date
        Dim w2 As String
        Picture1.Cls
        Rq = Date
        y = Year(Rq): m = Month(Rq): d = Day(Rq)
```

```
        w1 = Weekday(Rq)              '默认值周日为第一天(美国习惯)
        w2 = Weekday(Rq, vbMonday)    '将周一设为第一天,vbMonday 也可用数字2代替
        Picture1. Print "今天是" & y & "年" & m & "月" & d & "日";
        Picture1. Print Format(Weekday(Date, 0), "dddd")    '打印星期(英文)
        Picture1. Print "星期" & w1 & "(美式)"
        Picture1. Print "星期" & w2 & "(中国式)"
        Picture1. Print "今年已经渡过了" & ( Rq - #1/1/2009# ) & "天"
    End Sub
```

4．运行工程,总结结论

单击不同的按钮,仔细观察运行结果(图4-4),就可以得出正确的结论。请将结论填写在下面的横线上。

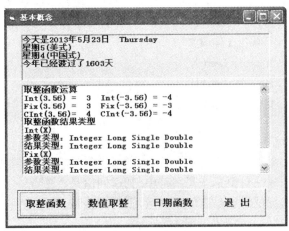

图 4-4　验证结果界面

(1) Int( )函数和_____函数结果类型与参数类型相同。_____函数结果类型均为整型,不随具体的参数类型而变。

(2) Int(x)返回值是_____,Fix(x)返回值是_____,Cint(x)返回值是_____。

(3) 整型变量的取整规则是:个位奇数_____,个位偶数_____,这个符合统计规律的规则在 VB 中被广泛应用。但是 Format 函数只遵守_____规则,千分符","的位置是自由的吗? _____。

(4) 两个日期型的数据相减,得到的是_____数。

计算年龄的表达式是:_____。

5．保存文件

实验 4-4

【题目】　常用字符函数的使用。

第一,验证 Len 函数返回值。

【实验步骤】

1．窗体设计

在窗体上放置两个 CommandButton 按钮。

2. 设置各控件属性

略。

3. 添加程序代码

```
Private Sub Command1_Click()
    Dim I As Integer, X As Single, D As Double
    Dim S As String * 10, St As String, L As Boolean
    I = 32767: X = 4.32
    D = 3.1415
    S = "Basic"
    L = True
    St = "Visual Basic"
    Print "len(S) ="; Len(S)      '定长字符串的长度
    Print "len(St) ="; Len(St)    '变长字符串的长度
    Print "len(I) ="; Len(I)
    Print "len(X) ="; Len(X)
    Print "len(D) ="; Len(D)
    Print "len(L) ="; Len(L)
End Sub
```

通过上面的实验得到的结论是：

（1）若 Len 函数的测试对象是定长字符串，则返回值是_____。

（2）若 Len 函数的测试对象是变长字符串，则返回值是_____。

（3）若 Len 函数的测试对象是数值型变量，则返回值是_____。

第二，进行字符替换（运行结果如图 4-5 所示）。

```
Private Sub Command2_Click()
    Dim S As String, L As Integer, Rep As String, P As Integer
    S = Text1
    L = Len(S)
    Rep = "Visual Basic"
    P = InStr(S, "VB")
    If P <> 0 Then
        S = Left(S, _____) & Rep & Right(S, _____)
        Text2 = S
    End If
End Sub
```

图 4-5　验证结果界面

实验 4-5

【题目】 创建一个带有计时功能的电子日历牌。

【要求】 通过该实验,掌握相关字符的使用,了解函数的参数也可以是另一个函数。

【实验步骤】

1. 窗体设计

在窗体上放置 12 个 Label 控件,各标签作用参见图 4-6,放置一个 Timer 控件。

2. 设置各控件属性

略。

3. 添加程序代码

```
Private Sub Timer1_Timer()
    Dim T As String, W As Integer
    Dim P1 As Integer, P2 As Integer
    Label1 = Year(Date)                    '显示年
    Label3 = Month(Date)                   '显示月
    Label5 = Day(Date)                     '显示日
    T = Format(Time, "ttttt")              '将时间转为24小时制
    P1 = 1
    P2 = InStr(T, ":")
    Label7 = Mid(T, P1, P2 - 1)            '显示时
    P1 = P2 + 1
    P2 = InStr(P1, T, ":")
    Label10 = Val(Mid(T, P1, P2 - P1))     '显示分
    P1 = P2 + 1
    Label11 = Val(Mid(T, P1))              '显示秒
    W = Weekday(Date, vbMonday)
    Label6 = Format(Weekday(Date, 0), "dddd")  '用英文显示星期
                                           '上面Format函数的参数是Weekday函数
    If W = 7 Or W = 6 Then
        Label6.ForeColor = vbRed
        Label5.ForeColor = vbRed
    Else
        Label6.ForeColor = vbBlack
        Label5.ForeColor = vbBlack
    End If
End Sub
```

图 4-6 "电子日历"程序运行界面

4. 运行工程,总结结论

运行程序后,系统会自动执行 Timer 控件的 Timer 事件过程。在窗体的 Libel 控件中显

示日期、时间和星期几。电子日历上是用英文 Saturday 显示星期的,如何用中文显示星期六? 请先保存文件,在学过 VB 的判断结构后就可轻而易举做到。

实验 4-6

【题目】 请验证教材第 4 章练习题中有关算术表达式、关系表达式和逻辑表达式的结果。

【要求】 先自我判断,然后进行验证,并记录结果。掌握各类运算的优先顺序。

【实验步骤】 略。

提示:你可以模仿上面的实验,通过 Form 或 CommandButton 的 Click 事件,编写简单的代码。通过 Dim 语句说明变量后,用赋值语句或 Print 语句计算各类表达式的值并输出结果。这里介绍另一种简便方法来进行表达式的验证。

从"视图"菜单进入"立即"窗口,如图 4-7 所示。在"立即"窗口中可以直接给变量赋值,通过"?"(即 Print)将表达式的值计算出来。每一行语句在按回车键后会被立即执行,可以将光标移到上面执行过的行上(改变数值后),再次按回车键重复执行该行语句。

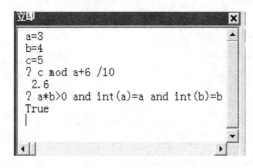

图 4-7 "立即"窗口

> 友情提醒:用"立即"窗口可以计算,但是代码不能用文件进行保存。

实验 4-7

【题目】 根据输入的半径长度计算圆周长和圆面积。

【分析】 在本题中,设圆半径为 r,则圆周长 s = 2πr,圆面积 area = πr^2,需要定义三个单精度变量。而 π 在计算中多次出现,可以将其定义为符号常量 PI。由于 TextBox 文本框的 Text 属性为字符型,计算时应用 Val 函数进行转换。

【实验步骤】

1. 窗体设计

窗体上放置三个 Label 控件、三个 TextBox 控件和三个 CommandButton 控件,如图 4-8 所示。

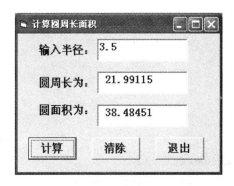

图4-8 计算圆周长和圆面积程序运行界面

2. 属性设置

控件名称	属性名称	属性值
标签1	Name	lblR
	Caption	输入半径：
标签2	Name	lblS
	Caption	圆周长为：
标签3	Name	lblA
	Caption	圆面积为：
文本框1	Name	txtR
	Text	空
文本框2	Name	txtS
	Text	空
文本框3	Name	txtA
	Text	空
命令按钮1	Name	cmdCulculation
	Caption	计算
命令按钮2	Name	cmdClear
	Caption	清除
命令按钮3	Name	cmdExit
	Caption	退出

3. 添加程序代码

  Option Explicit   '变量强制说明语句
  Const PI As Single = 3.141593   '说明 PI 为模块级符号常量
  '以上代码要在"通用"(对象)部分"说明"(事件)中添加

```
Private Sub cmdClear_Click()
    txtR.Text = ""                          '文本框清空
    txtS.Text = ""
    txtA.Text = ""
    txtR.SetFocus                           '将 txtR 设为焦点
End Sub

Private Sub cmdCulculation_Click()
    Dim r As Single, area As Single, s As Single    '说明变量
    r = Val(txtR.Text)                      '接受输入
    s = _____                            '求圆周长
    area = _____                         '求圆面积
    txtS = Str(s)                           '输出圆周长
    txtA = Str(area)                        '输出圆面积
End Sub

Private Sub cmdExit_Click()
    End
End Sub
```

4．运行程序并保存文件

运行程序,观察程序运行结果,最后保存该文件。

实验 4-8

【题目】 从键盘输入包含有大写字母的字符串,要求将所有大写字母改成小写字母输出。

【分析】 VB 提供了一个名为 LCase(x) 的函数,其功能是将作为自变量的字符串中的所有大写字母转换成小写字母。

【实验步骤】 图 4-9 是本实验的参考窗体界面,界面由两个文本框控件(TextBox)、两个标签控件(Label)、三个命令按钮组成。请自行练习设计并为窗体与每个控件对象设置相应的属性。

程序代码由三个命令按钮的单击事件过程组成。单击"清除"命令按钮,则将两个文本框的内容清空,并将焦点置于标签文字"转换前"后的文本框上;单击"结束"按钮,结束程序运行;在"转换前"的文本框中输入包含有大写字母的字符串后,再单击"转换"按钮,利用 LCase 函数将输入字符串中的大写字母转换成小写字母,输出到"转换后"的文本框中。

请参考实验 4-7,自行编写程序代码。

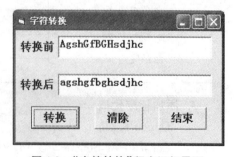

图 4-9 "字符转换"程序运行界面

实验5 分支结构程序设计

目的和要求

- 练习并掌握 Visual Basic 的常量、变量的定义和使用方法。
- 练习并掌握各种表达式的使用方法。
- 练习并掌握各种公共函数的使用方法。
- 练习并掌握带分支结构的程序设计方法。

实 验 内 容

实验 5-1

【题目】 编写一个判断输入的整数是否是偶数的程序。

【分析】 这是一个典型的双分支结构的问题。可以利用 Mod 运算来判断一个整数是否是偶数。当一个整数 n 除以 2 的余数等于 0（即 n Mod 2 = 0）时，就可以断定 n 是一个偶数，否则 n 就是一个奇数。利用 VB 的 If-Then-Else-End If 结构语句实现。

【实验步骤】 图 5-1 是本实验的参考窗体界面。界面由一个标签控件（Label）、一个文本框控件（TextBox）和一个命令按钮组成。请自行练习设计并参照下面的程序代码为窗体与每个控件对象设置相应的属性。判断结果采用 MsgBox 函数输出。

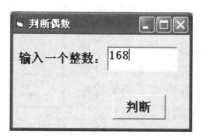 

图 5-1　判断整数是否为偶数程序运行界面

需要补充完善的程序代码如下（图 5-2 是算法流程图）：

```
Option Explicit

Private Sub Cmdjugde_Click( )
    Dim n As Integer
    n = Text1
    If _____ Then
```

　　　　MsgBox n & "是偶数"
　　Else
　　　　_____
　　End If
End Sub

图 5-2　算法流程图

实验　5-2

【题目】　编写一个将百分制转换为 5 级分制的程序。转换方法如下：

$$y = \begin{cases} 2 & 0 \leq x < 60 \\ 3 & 60 \leq x < 70 \\ 4 & 70 \leq x < 90 \\ 5 & 90 \leq x \leq 100 \end{cases}$$

【分析】　这是一个多分支结构的问题。由于自变量 x 取值在 0～100 之间是连续的，可以采用 If-Then-ElseIf-Then-Else-End If 多分支结构语句的分级筛选算法来实现。

【实验步骤】　图 5-3 是本实验的参考窗体界面。界面由两个标签控件(Label)、两个文本框控件(TextBox)和三个命令按钮组成。请自行练习设计并参照下面的程序代码为窗体与每个控件对象设置相应的属性。

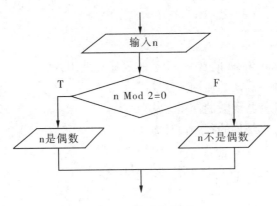

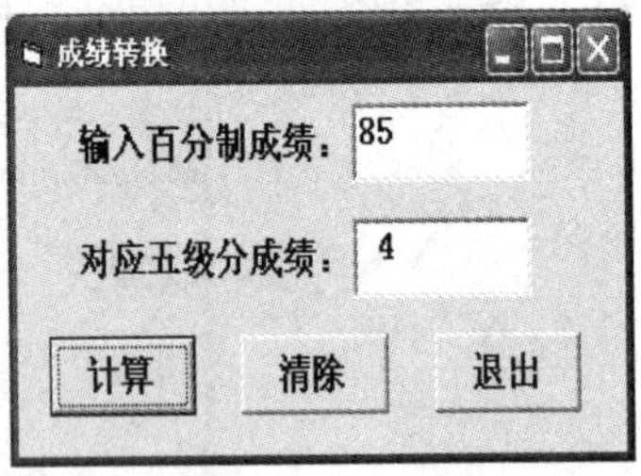

图 5-3　"成绩转换"程序运行界面

需要补充完善的程序代码如下：
```
Private Sub cmdClear_Click()
    Text1.Text = ""                 '文本框清空
    Text2.Text = ""
    Text1.SetFocus                  '将 Text1 设为焦点
End Sub

Private Sub cmdCulculation_Click()
    Dim x As Integer, y As Integer  '说明变量
```

```
        x = _____
        If _____ Then
            y = 2
        ElseIf _____ Then
            y = 3
        ElseIf _____ Then
            y = 4
        Else
            y = 5
        End If
        Text2 = Str(y)
End Sub


Private Sub cmdExit_Click( )
    End
End Sub
```

【思考】 由于输入的数据可能超过100或小于0(不正常数据),为了使程序更加完善,请考虑在现有程序上增加一个处理异常数据的功能,即在进行数据处理前,先判断输入数据是否在规定范围内。若是,则正常处理并输出结果,否则用MsgBox输出"数据异常"信息,用户按"确定"键后,清除文本框中的输入内容,重新输入数据。

实验 5-3

【题目】 编写一个计算以下多表达式函数值的程序。

$$y = \begin{cases} x^2 + z^2 & x < -10, z < 0 \\ x + z & x \geq -10, z < 0 \\ \dfrac{x}{z} + 3.89 & x < -30, z \geq 0 \\ x \cdot \sin(z) & -30 \leq x < -8, z \geq 0 \\ \sqrt{|x - z|} & x \geq -8, z \geq 0 \end{cases}$$

【分析】 函数y有x和z两个自变量,当x和z取不同值时,需要根据取值范围确定使用哪一个计算式子求函数值。由函数的表达式可以看出,x、z与y都可能是非整数(其数据类型应为单精度数Single或双精度数Double类型)。采用嵌套的If结构计算函数值。

【实验步骤】 图5-4是本实验的参考窗体界面。界面由三个标签控件(Label)、三个文本框控件(TextBox)和三个命令按钮组成。请自行练习设计并参照下面的程序代码为窗体与每个控件对象设置相应的属性。

需要补充完善的程序代码如下:

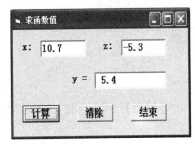

图5-4 "求函数值"程序运行界面

```
Option Explicit

Private Sub Command1_Click( )
    Dim x As Single, z As Single, y As Single
    x = _____ : z = _____
    If _____ Then
        If x _____ Then
            y = x^2 + z^2
        Else
            y = x + z
        End If
    Else
        If x < -30 Then
            y = _____
        ElseIf x < -8 Then
            y = x * Sin(z)
        Else
            y = _____
        End If
    End If
    Text3.Text = _____
End Sub

Private Sub Command2_Click( )
    Text1.Text = " " : Text2.Text = " "
    Text1.SetFocus
End Sub

Private Sub Command3_Click( )
    End
End Sub
```

实验 5-4

设计性实验(4)

【题目】 为前面的运动会程序建立一个封面。该封面(图5-5)上包含登录窗口,设定口令为"VB123"。

图 5-5　运动会程序封面

【要求】

● 若输入口令正确,显示信息"恭喜你！成功登录！"(图 5-6),点击"确定"后自动转到运动会界面(frmGame);否则显示"对不起,口令错误,无法登录！"(图 5-7),可以重新输入口令。

● 若三次登录均不正确,显示"对不起,你无权登录该系统！"(图 5-8)后结束整个应用程序。

图 5-6　成功登录　　　　图 5-7　错误登录　　　　图 5-8　三次错误无法登录

● 将该窗体设为启动窗体。

【分析】

● 只需在实验 1-1 的基础上添加分支判断语句即可实现第一个功能。

● 实现第二个功能,需要定义一个整型变量 N,该变量作计数用,其初值为 0,登录一次不正确,N 就加 1。如果 N = 3,则结束整个应用程序。

【实验步骤】

1．添加窗体

首先打开"3-3 运动会. vbp",添加一个新窗体。

2．窗体设计

参考图 5-5 来对窗体进行设计。可选择一幅图片作为窗体的背景(通过窗体的 Picture 属性加载)。可在窗体上用 Label 显示软件的名称、版本号、制作人等信息,具体风格可以自己决定。

3．属性设置

文本框的 Passward 属性设为"＊",窗体的 Name 属性设为 frmFirst;其他控件的属性请参看下面的代码。

4. 添加程序代码

```
Option Explicit
Dim n As Integer

Private Sub CmdPass_Click()
    If UCase(txtPassword.Text) = "VB123" Then
        MsgBox "恭喜你！登录成功！"
        frmGame.Show
        Unload Me
    Else
        n = n + 1
        If n = 3 Then
            MsgBox "对不起,你无权登录该系统！", vbExclamation
            End
        End If
        MsgBox "对不起,口令错误,无法登录！", vbExclamation
        txtPassword.Text = ""
        txtPassword.SetFocus
    End If
End Sub
```

5. 设置启动窗体

单击"工程"菜单的"工程属性"菜单项,在"工程属性"窗口中的"通用"选项卡中的"启动对象"下拉列表中选中本窗体后,单击"确定"按钮即可将其设为启动窗体,参见图5-9。

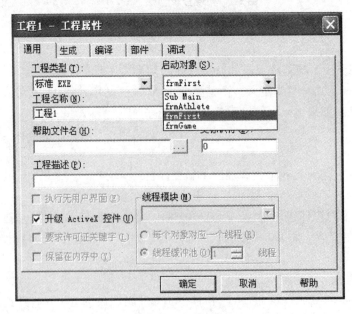

图5-9 "工程1-工程属性"对话框

6. 运行工程并保存文件

运行工程,观察运行结果。将首页窗体保存为"5-4 运动会首页.frm",对两个原来的窗体和工程分别进行另存为操作,具体文件名如图 5-10 所示。

注:请保存好本实验的窗体文件和工程文件,以便以后使用。

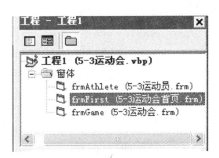

图 5-10　窗体和工程文件名称

实验　5-5

【题目】　创建工程,根据旅客的房号和居住天数计算相应的住宿费。某旅社有三种等级的客房各 20 间,分别为:3~4 楼(房号 301~310,401~410),每人每天收费 70 元;5~6 楼(房号 501~510,601~610),每人每天收费 60 元;7~8 楼(房号 701~710,801~810),每人每天收费 50 元。

【要求】　参考图 5-11,输入旅客的房号、居住天数、人数,就能计算出住宿费。

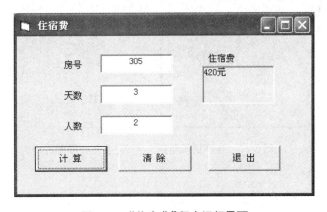

图 5-11　"住宿费"程序运行界面

【分析】　用 Select Case 结构来实现题目要求比较方便。设变量 n 表示房号,m 表示住宿费,d 表示天数,r 表示人数,Case 后面的测试条件可以用连续区间方法表示。

```
Select Case n
    Case 301 To 310, 401 To 410
        m = 70 * d * r
    Case 501 To 510, 601 To 610
        ……
End Select
```

【实验步骤】 图 5-11 是本实验的参考窗体界面。界面由三个文本框控件(TextBox)、四个标签控件(Label)、三个命令按钮和一个图片框(PictureBox)组成。三个文本框分别用于输入房号、居住天数与人数,单击"计算"按钮,则把应付的住宿费用图片框的 Print 方法输出到图片框中。请自行练习设计并为窗体与每个控件对象设置相应的属性。

程序代码由三个命令按钮的单击事件过程组成。单击"清除"按钮,将三个文本框与图片框分别清空,并将焦点置于"房号"后的文本框上;单击"退出"按钮,结束程序运行;在三个文本框中分别输入相关数据,再单击"计算"按钮,则接受输入数据,进行计算,把结果按参考界面的形式输出到图片框中。

计算的代码可采用上面【分析】中的 Select Case-End Select 结构语句实现。

请自行设计相关程序代码,并运行测试程序。

实验 5-6

【题目】 利用多分支结构将实验 4-5"电子日历牌"中的英文显示的星期几改成中文显示。

【提示】 在实验 4-5 的程序代码中有赋值语句 W = Weekday(Date,vbMonday),W 可取值的范围是 1~7。采用 Select Case-End Select 结构语句对 W 的值进行判断,让它和"星期一~星期日"中某个值对应起来即可。图 5-12 是原来星期为英文的界面与修改后的星期为中文的界面。

图 5-12　电子日历星期为英文、中文的界面

【实验步骤】 略。

实验 5-7

【题目】 将键盘输入的一位数字翻译为英文单词。若输入长度大于 1 且不是 0~9 之间的数字,显示"输入错误,请重新输入"的信息。

【提示】 按题目要求当输入数字 1 时,应输出英文单词"one";当输入数字 2 时,则输出英文单词"two",其他依次类推。错误输入应给出出错信息。算法步骤可设计为:接受键盘的输入;判断输入的字符长度是否等于 1,且输入的是否为 0~9 之间的数字,若是,则根据输入的数字输出相应的英文词汇;否则输出出错信息。

【实验步骤】 参照图 5-13 的程序界面,编写相应的程序代码。

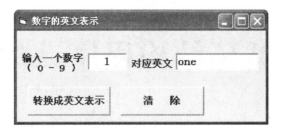

图 5-13 "数字的英文表示"程序运行界面

实验 5-8

【题目】 随机生成一个三位正整数,判断这个数是否是升序数。

【提示】 若组成一个数的各位数字,右边的数字总比左边的数字大,则该数就是一个升序数,例如 148 是升序数。利用取余数(MOD)和整除(\)运算将各位数字提取出来,然后再判断该数是否是升序数。

【实验步骤】 参照图 5-14 的程序界面,编写相应的程序代码。

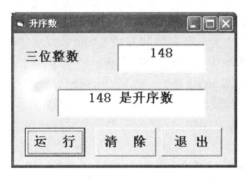

图 5-14 升序数判断程序运行界面

实验 6 循环结构程序设计

目的和要求

- 掌握 Do-Loop 结构语句与 For-Next 结构语句的用法。
- 掌握循环结构程序的设计方法。
- 掌握字符串操作函数的使用方法。

实 验 内 容

实验 6-1

【题目】 编写一个把十进制数转换成二进制数的程序。

【分析】 十进制数转换为二进制数的方法是"除 2 取余逆序列法"。图 6-1 是其算法流程图。依照算法可采用 Do-Loop 结构语句实现。变量 p 用于存放余数,st 通过左连接将余数逆序连接,得到转换结果,n 用于存放输入的十进制数。

【实验步骤】 首先自行设计程序窗体界面,如图 6-2 所示。界面由两个标签、两个文本框和三个命令按钮组成。可参照如图 6-2 所示界面为窗体与每个控件对象设置相关属性。

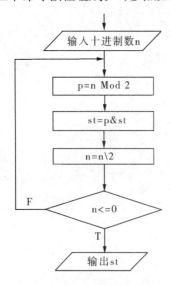

图 6-1 数制转换算法流程图

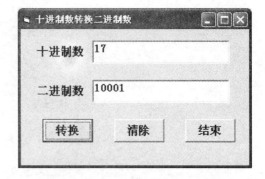

图 6-2 数制转换程序运行界面

请参照给出的算法流程图,完善下面的程序代码。请特别注意各个变量数据类型的设置。

Option Explicit

```
Private Sub Command1_Click( )
    Dim n As Integer, st As String, p As String * 1
    n = _____
    Do
        p = _____
        st = _____
        n = _____
    Loop _____
    Text2.Text = _____
End Sub

Private Sub Command2_Click( )
    Text1.Text = "": Text2.Text = ""
    Text1.SetFocus
End Sub

Private Sub Command3_Click( )
    End
End Sub
```

【思考】 是否可把本程序修改为求八进制数或十六进制数？如果修改为求八进制数，只要简单地修改哪些地方就可以了？如果修改为求十六进制数,需要考虑余数大于等于 10 时要转换成 A、B、C、D、E、F 等字符,如何解决此问题？

实验 6-2

【题目】 验证在 For-Next 循环中,在循环体内改变循环变量的值、改变循环终值表达式中变量的值和步长表达式中变量的值对循环次数的影响，以及循环变量的类型与循环初值、循环终值和步长的类型不一致时对循环的影响。

【实验步骤】 窗体上添加一个命令按钮，再输入程序代码。运行程序,观察并分析结果。

程序代码 1：

```
Private Sub Command1_Click( )
    Dim I As Integer, Js As Integer
    For I = 1 To 10 Step 1
        Print I
        I = I + 1
        Js = Js + 1
    Next I
    Print "循环共执行 "; Js; " 次"
End Sub
```

结果分析:

For I = 1 To 10 Step 1 循环的正常循环次数是_____次(= Max(0, Int((e2 - e1)/e3) + 1));该程序中的 For-Next 循环实际执行_____次。

总结1:

结论:实际执行次数与正常执行次数不符的原因是_____。

程序代码2:

```
Private Sub Command2_Click()
    Dim I As Integer, N As Integer, K As Integer
    Dim Js As Integer
    N = 13: K = 1
    For I = 1 To N + 2 Step K + 1
        Print I
        N = N + 1
        K = K + 1
        Js = Js + 1
    Next I
    Print "循环共执行 "; Js; " 次"
End Sub
```

结果分析:

For I = 1 To N + 2 Step K + 1 循环的正常循环次数是_____次;该程序中的 For-Next 循环实际执行_____次。

总结2:

结论:在循环体内改变循环终值表达式中变量的值和步长表达式中变量的值_____。

程序代码3:

```
Private Sub Command3_Click()
    Dim I As Integer, js As Integer
    For I = 2.5 To 8.51 Step 1.5
        Print I;
        js = js + 1
    Next I
    Print
    Print "循环共执行 "; js; " 次"
End Sub
```

结果分析:

执行 Command3_Click() 事件过程,窗体第一行显示内容是_____,窗体第二行显示内容是_____。若将变量 I 的类型改为 Single 后,再执行 Command3_Click() 事件过程,窗体第一行显示的内容是_____,窗体第二行显示的内容是_____。

总结3:

分析两次执行结果,结论是_____。

实验 6-3

【题目】 输入一个正整数,判断该正整数是否为素数。

【分析】 素数的定义是:一个整数 x 除了 1 和它本身之外,不能被其他任何数整除,则 x 为素数。我们可以利用这个定义对输入的正整数进行判断。

具体算法是:定义一个整型变量 I 作为 For 循环变量,I 从 2 至 x − 1 以步长值 1 依次递增,若 x 能被 I 整除,则停止循环,x 不是素数;若在整个循环期间内 x 始终不能被 I 整除,则正常出循环,x 是素数。循环结束后,需判断循环是否是正常结束,才能得出相应结论。即若循环变量的值超出循环终值 x − 1(I > x − 1),循环正常结束,说明 x 除了 1 和它本身之外没有其他约数,x 是素数;若循环变量的值没有超出循环终值 x − 1(I ≤ x − 1),由于执行了 Exit For 语句使得循环非正常结束(I ≤ x − 1),说明 x 除了 1 和它本身之外还有其他约数,x 不是素数。用程序描述如下:

```
For I = 2 To x − 1
    If x Mod I = 0 Then Exit For
Next I
If I > x − 1 Then
    MsgBox Str(x) & "是素数"
Else
    MsgBox Str(x) & "不是素数"
End If
```

思考1:在步长_____情况下,For 循环正常结束后,循环变量的值大于循环终值;在步长_____情况下,For 循环正常结束后,循环变量的值小于循环终值。

思考2:下面的程序正确吗?_____。为什么?_____。

```
For I = 2 To x − 1
    If x Mod I = 0 Then
        MsgBox Str(x) & "不是素数"
    Else
        MsgBox Str(x) & "是素数"
    End If
Next I
```

思考3:实际上,判断一个整数 x 是否是素数,循环变量 I 并不需要变化到 x − 1,为了减少不必要的循环次数,请至少想出两个小于 x − 1 的循环终值:_____和_____。

【实验步骤】

1. 窗体设计

在窗体上放置一个 Label 控件、一个 TextBox 控件和两个 CommandButton 控件,如图 6-3 所示。

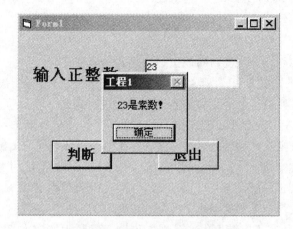

图 6-3 判断素数程序运行界面

2. 属性设置

控件名称	属性名称	属性值
标签 1	Name	LblInput
	Font	宋体、三号、粗体
	Caption	输入正整数
文本框 1	Name	TxtInput
	Text	空
命令按钮 1	Name	CmdJudge
	Caption	判断
命令按钮 2	Name	CmdExit
	Caption	退出

3. 添加并完善程序代码

```
Option Explicit
Dim i As Integer
Dim x As Integer

Private Sub cmdExit_Click()
    End
End Sub

Private Sub cmdJudge_Click()
    x = Val(txtInput.Text)
    For i = 2 To _____
        If x Mod i = 0 Then Exit For
    Next
```

```
        If _____ Then
            MsgBox Str(x) + "是素数!"
        Else
            MsgBox Str(x) + "不是素数!"
        End If
    End Sub
```

4. 执行工程并保存文件

运行程序,观察程序运行结果,最后保存文件。

实验 6-4

【题目】 编写程序,利用下面的公式求三角函数 cos x 的近似值。计算公式如下:

$$\cos x = 1 - \frac{x^2}{2!} + \frac{x^4}{4!} - \frac{x^6}{6!} + \cdots + (-1)^n \frac{x^{2n}}{(2n)!} + \cdots \quad n = 0,1,2,\cdots$$

当第 n 项的绝对值小于等于 10^{-7} 时计算终止。

【分析】 根据公式的特点可知相邻项之间存在以下的递推关系:

$$a_n = a_{n-1} \cdot \frac{(-1)x^2}{(2n-1) \cdot 2n}$$

计算到 $|a_n| \leq 10^{-7}$ 为止。

因此求函数近似值就转化为一个简单的累加和累乘问题,可应用 Do Loop 循环结构语句控制计算的项数来实现。

【实验步骤】 首先自行设计程序窗体界面,如图 6-4 所示。界面由两个标签、两个文本框和三个命令按钮组成。可参照如图 6-4 所示界面为窗体与每个控件对象设置相关属性。

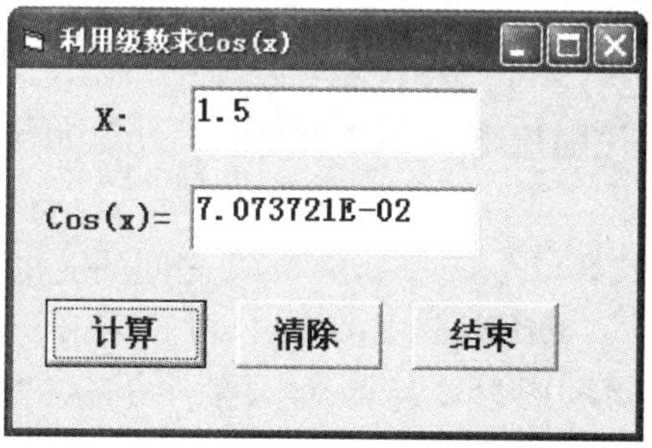

图 6-4 利用级数求 Cos(x) 程序运行界面

下面是不完善的程序代码,请完善程序代码,并测试程序的正确性(直接利用 VB 提供的公共函数 Cos(x) 求相应函数值,与编程求出的函数值进行比较)。

```
Option Explicit

Private Sub Command1_Click()
    Dim x As Single, t As Single, s As Single, n As Integer
    x = _____
```

```
        s = 1 : t = 1
        n = 1
        Do
            t = _____
            s = _____
            n = _____
        Loop _____
        Text2.Text = _____
End Sub


Private Sub Command2_Click( )
    _____
    Text1.SetFocus
End Sub


Private Sub Command3_Click( )
    _____
End Sub
```

【思考】 如果要求以下公式的近似值：

$$S = 1 - \frac{2+x}{x^2} + \frac{3+x}{x^3} - \frac{4+x}{x^4} + \frac{5+x}{x^5} - \cdots, \quad x > 1$$

并要求计算精确到第 n 项的绝对值小于 10^{-5} 为止，请修改程序代码。修改后的程序请另行保存。

实验 6-5

【题目】 编写程序，利用随机函数 Rnd 生成十个 10~99 之间的整数，并分别求出其中偶数与奇数的个数。

【分析】 利用随机函数 Rnd 生成一个 n1~n2 之间的随机整数的方法是：

$$\text{Int}(\text{Rnd} * (n2 - n1 + 1)) + n1$$

判断一个整数是否为偶数，可利用 Mod 运算，如果条件 n Mod 2 = 0 为真(True)，则表明 n 是偶数，否则 n 是奇数。

本程序可利用 For-Next 循环结构语句加 If-Then-Else-End If 结构语句实现(请读者自行设计实现的算法)。在 If-Then-Else-End If 结构中，根据条件的满足与否，分别对奇偶数进行计数。用于计数的赋值语句是(设变量 N 为计数变量)：

    N = N + 1

【实验步骤】 首先参照图 6-5 设计本实验的窗体界面。界面由一个用于显示生成的十个随机整数的文本框，两个分别用于输出运算结果(偶数与奇数个数)的文本框和相对应的标签对象以及三个命令按钮组成。请自行为界面上的各个对象设置适当的属性值。

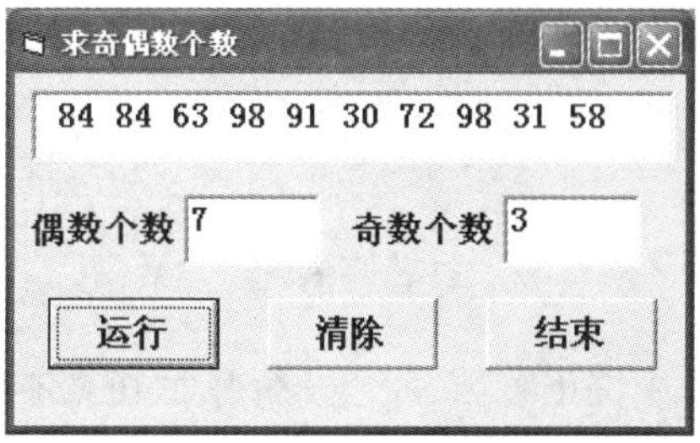

图6-5 "求奇偶数个数"程序运行界面

程序运行的方式是:执行程序,单击命令按钮"运行",则生成符合要求的随机整数,将其通过"连接"运算进行连接;判断数据的奇偶性,分别计数;最后将结果输出到相应的文本框中;按"清除"按钮,将三个文本框清空;按"结束"按钮,结束程序运行。

请完善以下的程序代码,并运行程序,测试其正确性。设变量 i 为循环控制变量、变量 n 用于存放生成的随机整数;变量 st 用于将生成的数据连接起来,以便在一个文本框中输出;变量 n1 与 n2 用于计数,分别存放奇数与偶数的个数。显然,除变量 st 的类型应为字符型(String)外,其余变量的类型都应为整型(Integer)。

Option Explicit

Private Sub Command1_Click( )
  Dim _____
  Dim _____
  For i = 1 To 10
    n = _____
    st = st & Str(n)
    If _____ Then
      n2 = _____
    Else
      n1 = _____
    End If
  Next i
  Text1. Text = _____
  Text2. Text = _____
  Text3. Text = _____
End Sub

Private Sub Command2_Click( )
  _____
  _____
  _____
End Sub

```
Private Sub Command3_Click()
    _____
End Sub
```

实验 6-6

【题目】 随机生成30个4位正整数,5个一行显示在文本框中,找出其中所有的升序数,并将其存放在列表框中。

若组成一个数的各位数字,从最高位的数字开始直到个位数依次递增,则这个数就是一个升序数,例如,1359是升序数。

【分析】

● 用随机函数每生成一个4位整数就把它显示在文本框中,同时判断这个数是否是升序数,如果是就将这个数放到列表框中。

● 对于一个整数n,通过使用n Mod 10 和 n = n\10 的方法,从右到左将组成n的数字一位一位地分离出来。两个相邻数字进行比较,若右边的数字总是比左边的数字大,则它就是一个升序数。

【实验步骤】

1. 窗体设计

参照图6-6设计本实验的窗体界面。界面由一个用于显示生成的30个随机整数的多行文本框、列表框以及三个命令按钮组成。

图6-6 "找升序数"程序运行界面

2. 程序运行

请完善以下的程序代码,并运行程序,测试其正确性。

程序运行的方式是:执行程序,单击命令按钮"运行",则生成30个4位随机整数,分行显示在文本框中。每生成一个数就立即判断它是否是升序数,若是就将它放入到列表框中。

```
Option Explicit

Private Sub Command1_Click()
```

```
Dim n As Integer, F1 As Integer, F2 As Integer, i As Integer
Dim k As Integer
Randomize
For i = 1 To 30
    n = Int(Rnd * 9000) + 1000
    k = n
    Text1 = Text1 & n & " "
    If i Mod 5 = 0 Then Text1 = Text1 & vbCrLf
    F1 = n Mod 10
    n = n \ 10
    Do
        F2 = _____
        If F1 <= F2 Then
            Exit Do
        End If
        F1 = _____
        n = _____
    Loop _____
    If n = 0 Then
        List1.AddItem k
    End If
Next i
If List1.ListCount = 0 Then
    List1.AddItem "没有升序数"
End If
End Sub

Private Sub Command2_Click()
    Text1 = ""
    List1.Clear
End Sub

Private Sub Command3_Click()
    End
End Sub
```

3. 思考

编写用相关的字符函数分解数字的程序段,替代已给出的"分解数字"的程序代码。

实验 6-7

【题目】 创建一应用程序,能够将输入的字符串颠倒后输出。例如,输入"abfr4t",输出"t4rfba"。

【分析】 字符串颠倒操作需要对原有的字符串一个一个从前(后)截取,然后重新组合输出。具体操作时,需先用求字符串长度函数 Len(x)求出输入字符串的长度,然后将字符串截取函数(Right、Left、Mid)与循环控制变量配合使用,并将截取出的字符串重新连接后输出。

【实验步骤】

1. 窗体设计

在窗体上摆放三个 Text 控件、三个 Label 控件、四个 CommandButton 控件,具体界面如图6-7 所示。

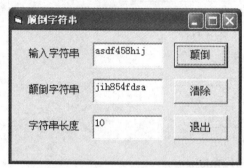

图6-7 "颠倒字符串"程序运行界面

2. 属性设置

控件名称	属性名称	属性值
标签1	Name	LblS
	Caption	输入字符串
标签2	Name	LblV
	Caption	颠倒的字符串
标签3	Name	LblL
	Caption	字符串长度
文本框1	Name	TxtS
	Text	空
文本框2	Name	TxtV
	Text	空
文本框3	Name	TxtL
	Text	空

控件名称	属性名称	属性值
命令按钮1	Name	CmdLen
	Caption	长度
命令按钮2	Name	CmdInvert
	Caption	颠倒
命令按钮3	Name	CmdClear
	Caption	清除
命令按钮4	Name	CmdExit
	Caption	退出

3. 添加并完善程序代码

Option Explicit

Private Sub CmdInvert_Click( )
    Dim i As Integer, n As Integer
    Dim s As String
    n = _____
    For i = n To 1 Step -1
        s = s & Mid(TxtS.Text, i, 1)
    Next i
    TxtV.Text = _____
    TxtL.Text = _____
End Sub

Private Sub CmdClear_Click( )
    TxtS.Text = ""
    TxtV.Text = ""
    TxtL.Text = ""
    TxtS.SetFocus
End Sub

Private Sub CmdExit_Click( )
    _____
End Sub

4. 运行程序并保存文件

运行程序,观察程序运行结果,最后保存文件。

5. 思考

若将字符串连接语句 s = s & Mid(TxtS.Text,i,1) 改为 s = Mid(TxtS.Text,i,1) & s,程序运行结果一样吗?_____。为什么?_____。

6. 修改代码

用 Right 和 Left 函数的嵌套使用来实现本题功能。

```
Private Sub CmdInvert_Click( )
    Dim i As Integer
    Dim s As String
    n = Len(TxtS.Text)
    For i = n To 1 Step -1
        s = s & _____
    Next i
    TxtV.Text = s
End Sub
```

实验 6-8

【题目】 阅读下列程序,填写结果。

单击窗体后,在弹出的输入框中键入"Very good"后,窗体上第一行显示_____,第二行显示_____。

```
Option Explicit

Private Sub Form_Click( )
    Dim phrase As String, nextword As String, Blankposition As Integer
    Dim Js As Integer
    phrase = InputBox("请输入一句英文")
    Print "输入内容是:"; phrase
    Blankposition = InStr(1, phrase, " ")        ' " "中有一空格
    Do While Blankposition <> 0
        nextword = Left(phrase, Blankposition - 1)
        Print nextword
        phrase = Right(phrase, Len(phrase) - Blankposition)
        Blankposition = InStr(1, phrase, " ")
    Loop
    If Len(phrase) <> 0 Then
        Print phrase
    End If
End Sub
```

录入代码,并运行程序,验证填写结果是否正确。

思考:该程序的功能是_____。

实验 6-9

【题目】 文字加密。以英文为例,先将输入的明文字母先一律转换为大写,再进行加密转换,字母以外的字符则保留,最后输出转换后的文字,即为密文。

加密规则为:

原码(输入码)	A	B	C	…	T	U	…	X	Y	Z
密码(输出码)	G	H	I	…	Z	A	…	D	E	G

【要求】 不仅能对单个字符进行加密,还要能够对一个英文句子进行加密。

【分析】 一般的加密规则都是有规律的,不难发现本题的规律,即原码字母中 A~T 向后移 6 位为密码对应的字母(即原文字符的 ASCII 代码加 6 为相应密文字符的 ASCII 代码),字母 U~Z 向前移 20 位为密码对应的字母(即原文字符的 ASCII 代码减 20 为相应密文字符的 ASCII 代码)。在 VB 中用 Chr 和 Asc 函数可分别实现将 ASCII 代码值转换为字符及求某个字符的 ASCII 代码值的功能,二者组合使用即可完成文字加密。

【实验步骤】 首先请参照图 6-8 设计程序的窗体界面,并参照程序代码为各个对象设置适当的属性。

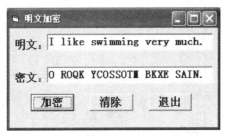

图 6-8 "明文加密"程序运行界面

程序的执行方式是:运行程序,在"明文"的文本框中输入需要加密的英文句子,再单击"加密"按钮,则在"密文"文本框中显示加密后的密文。按"清除"按钮,清空两个文本框,并将焦点置于"明文"的文本框上。按"退出"按钮,结束程序运行。

以下是"加密"按钮不完整的单击事件过程,试完善它,并自行添加"清除"与"退出"按钮的单击事件过程代码。运行程序,验证程序的正确性。

```
Private Sub Command1_Click( )
    Dim code As String, encode As String, p As String * 1
    Dim i As Integer, n As Integer
    code = _____
    For i = 1 To _____
        p = _____
        If _____ Then
            n = Asc(p) + 6
            If n > Asc("Z") Then n = _____
            encode = _____
```

            Else
                encode = encode & p
            End If
        Next i
        txtE. Text = _____
    End Sub

实验 6-10

【题目】 找出所有的由4个不同的素数数字(即2、3、5和7)构成的素数。

【分析】

● 利用For循环在2357～7532范围中筛选出由4个不同的素数数字(即2、3、5和7)构成的数。筛选方法是,利用InStr函数分别检查2、3、5和7是否在这个4位数中同时出现。

● 若这个数是由4个不同的素数数字构成的数,则进一步判断它是否是素数。

【实验步骤】

1. 窗体设计

首先请参照图6-9设计程序的窗体界面,并参照程序代码为各个对象设置适当的属性。

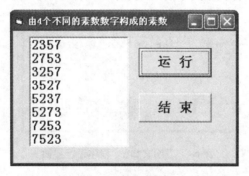

图6-9 程序运行界面

2. 添加并完善程序代码

```
Option Explicit

Private Sub Command1_Click( )
    Dim I As Integer, J As Integer, P As Integer, K As Integer
    Dim Ch As String * 1, St As String * 4, S As String, Flg As Boolean
    S = "2357"
    For I = 2357 To 7532
        St = _____
        For J = 1 To 4                        '判断I是否由2、3、5和7组成
            Ch = Mid(S, J, 1)
            P = InStr(St, Ch)
            If P = 0 Then
                _____
```

                End If
            Next J
            If J >= 5 Then
            ──────────
                For K = 2 To Sqr(I)
                    If I Mod K = 0 Then   '判断这数是否是素数
                        Flg = False
                        Exit For
                    End If
                Next K
                If Flg Then List1.AddItem I
            End If
        Next I
    End Sub

    Private Sub Command2_Click( )
        End
    End Sub

3. 运行程序并保存文件
4. 思考
本题要求判断一个数是否由指定字符组成,如果判断一个数是否由不同数字组成,那么程序应该如何编写?

实验 6-11

【题目】 输入任意一个正整数,若该数不是一个素数,则找出一个大于它的最小素数。
【分析】
● 在文本框 Text1 中输入一个正整数,并将其赋值给 N。
● 判断 N 是否是素数,若是素数则在文本框 Text2 显示 N 是素数,结束程序运行。
● 若 N 不是素数,则将 N 增加 1,重复上一步骤直到 N 是素数为止。

【实验步骤】 首先参照图 6-10 设计程序窗体界面,为各个对象设置适当的属性。再参照"分析"中给出的算法步骤,自行完成全部程序代码。最后运行程序,验证程序的正确性。

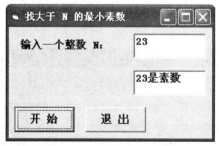 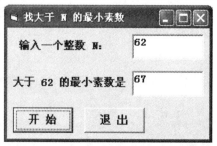

图 6-10 "找大于 N 的最小素数"程序运行界面

实验 7 数　　组

目的和要求

- 掌握数组的定义方法。
- 掌握固定大小数组与动态数组的使用方法。

7.1　数　　组

数组是同一类型的数据集合。数组名相同的数组元素依靠下标进行区别。常用的查找和排序都要使用数组来实现,矩阵的操作也和数组有关。在具体应用中,数组下标变量经常与循环控制变量有机结合,从而实现特定的功能。

固定大小数组与动态数组在定义和使用方法上有所不同,使用哪一种类型的数组要根据需要而定。固定大小数组的大小在数组说明时即被确定,在程序中不能改变;动态数组说明时,只给出数组名称和类型,数组维数和大小不予说明(空),在后继的数组重定义语句中再行说明。需要注意的是:动态数组可以多次重新定义,重新定义时应考虑原来的数组中的数据是否需要保留的问题。

在不知道数组大小的情况下可以用测试数组上、下界函数 UBound 与 LBound 求出数组的各维大小。

7.2　实验内容

实验　7-1

【题目】　参照程序界面(图 7-1),编写一个统计不同分数段得分人数的程序。学生成绩用 InputBox 函数输入并存入一个数组。设学生数为 10 人。

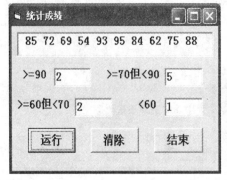
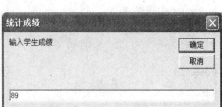

图 7-1　"统计成绩"程序运行界面

【分析】 说明一个一维整型数组。利用 For-Next 循环结构语句为数组元素赋值(输入数组)与输出,再通过循环加 If-Then-End If 结构语句,实现对数组元素的分类计数。最后输出结果。

【实验步骤】 首先自行设计程序的窗体界面,如图 7-1 所示。界面由五个 TextBox 控件、四个 Label 控件、三个 CommandButton 控件对象组成。请为各个对象设置适当的属性。

程序运行过程是:运行程序,单击"运行"按钮,出现 InputBox 函数对话窗口,输入学生成绩,按"确定"按钮,重复以上操作十次,输入完成,在文本框 Text1 中显示所有的数据;进行数组元素的分类计数,在文本框 Text2、Text3、Text4 与 Text5 中分别显示各个分数段的得分人数;按"清除"按钮,清空各个文本框;按"结束"按钮,结束程序运行。

请按程序的功能及运行方式,完善下面的程序代码。(思考题:代码中说明的数组与各个变量是用来做什么的?)

```
Option Explicit
Option Base 1

Private Sub Command1_Click( )
    Dim scor(10) As Integer, i As Integer
    Dim n1 As Integer, n2 As Integer, n3 As Integer, n4 As Integer
    For i = 1 To 10
        scor(i) = InputBox(_____)
        Text1 = Text1 & Str(scor(i))
    Next i
    For i = 1 To 10
        If _____ Then
            n1 = _____
        ElseIf _____ Then
            n2 = _____
        ElseIf _____ Then
            n3 = _____
        Else
            n4 = _____
        End If
    Next i
    Text2 = n1 : Text3 = n2
    Text4 = n3 : Text5 = n4
End Sub

Private Sub Command2_Click( )
    Text1 = "": Text2 = ""
    Text3 = "": Text4 = "": Text5 = ""
```

End Sub

Private Sub Command3_Click( )
　　Unload Me
End Sub

【思考】 若需要处理的学生数不是 10,而是 15、30 或其他,应对程序进行什么样的修改?

实验 7-2

【题目】 编写程序,生成 20 个 1～100 之间的随机整数并存入一个一维数组,求出其中的最大元素与最小元素及其位置(序号)并输出。

【分析】 请参考教科书中[例 6-1]求最大与最小元素的算法。只要在该算法的基础上,添加适当的语句,记下最大或最小元素的位置就可以了。

当需要输出(显示)的数据比较多时,可利用多行文本框。将需要输出的数据通过一个字符串变量依次连接,当连接到一定数量时,添加一个回车换行符(使用系统字符常量 vbCrLf 即可)。请注意学习实现本功能的部分相关程序代码。

【实验步骤】 首先参照图 7-2 设计本程序的窗体界面。界面由一个多行文本框 Text1 (注意多行文本框属性的设置)、两个单行文本框 Text2 及 Text3、两个标签控件 Label1 与 Label2 和三个命令按钮组成。请为界面的各个对象设置适当的属性。

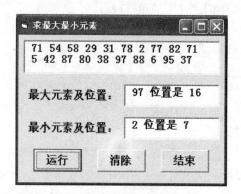

图 7-2　求最大、最小元素及位置程序运行界面

完善下面的程序,运行并进行测试。最后保存相关的文件。

Option Explicit
Option Base 1

Private Sub Command1_Click( )
　　Dim a(20) As Integer, i As Integer, st As String
　　Dim max As Integer, min As Integer, maxp As Integer, minp As Integer
　　For i = 1 To 20
　　　　a(i) = ＿＿＿＿＿＿＿＿＿＿

```
            st = st & Str(a(i))
            If i Mod 10 = 0 Then st = st & vbCrLf        '每行满 10 个元素则换行
        Next i
        Text1 = st
        max = a(1): min = a(1)
        maxp = 1: minp = 1
        For i = 2 To 20
            If a(i) > max Then
                _____
                _____
            ElseIf _____ Then
                _____
                _____
            End If
        Next i
        Text2 = _____
        Text3 = _____
    End Sub

    Private Sub Command2_Click()
        Text1 = ""
        Text2 = "": Text3 = ""
    End Sub

    Private Sub Command3_Click()
        End
    End Sub
```

实验 7-3

【题目】 练习二维数组(矩阵)的输入和输出。用 InputBox 函数输入一个 3×4 矩阵,并使用图片框控件对象的 Print 方法按图 7-3 所示的格式输出。要求输入时 InputBox 上的提示信息要表明当前输入的是矩阵中的哪一个元素,如图 7-4 所示,并求出每行中最大的元素。

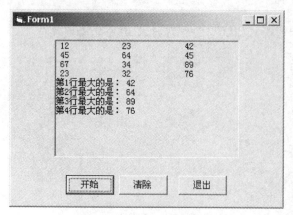
图7-3　二维数组的输出

图7-4　矩阵的输入框

【分析】　二维数组的输入和输出,一般情况下要使用双重循环结构。外面一重循环对应于行的变化,里面一重循环对应于列的变化(列的变化比行的变化快)。标准输出方式是在 Picture1.Print 语句的输出项之间用逗号间隔,输出时要产生 4 行 3 列的效果,还应该在两重循环之间添加一个无参数的 Picture1.Print 语句,用来换行。

求每行的最大值也需要通过双重循环实现。请注意代码中的 InputBox 函数和输出每行最大值语句中动态显示行(列)值的方法。

【实验步骤】

1. 创建窗体并设置属性

窗体界面如图 7-3 所示,请参考该界面与下面的程序代码为各个对象设置适当的属性。

2. 完善程序代码

```
    Private Sub cmdClear_Click( )
                                                        '清空图片框
        _____
    End Sub


    Private Sub cmdExit_Click( )
        End
    End Sub


    Private Sub cmdStart_Click( )
        Dim a(4, 3) As Integer, i As Integer, j As Integer
        Dim max As Integer
        For i = 1 To 4
            For j = 1 To 3
                a(i, j) = InputBox("请输入矩阵第(" & i & "," & j & ")元素", "输入
                    矩阵元素")
                Picture1.Print a(i, j),
            Next j
```

```
            _____
        Next i
        For i = 1 To 4
            _____
            For j = 2 To 3
                If max < a(i, j) Then max = a(i,j)
            Next j
            Picture1. Print "第" & i & "行最大的是:"; max
        Next i
    End Sub
```

3. 运行工程并保存文件

运行程序,观察程序运行情况,最后保存程序文件。

4. 修改代码

要求显示每行最大元素的行、列位置。

实验 7-4

【题目】 参照如图7-5所示界面,编写一个求由一位随机整数构成的二维数组每一行与每一列元素之和的程序。

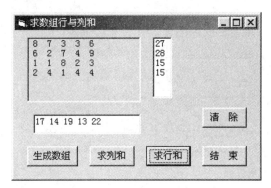

图7-5 求数组每一行与每一列元素之和程序运行界面

【分析】 由于"生成数组"、"求列和"与"求行和"三个命令按钮都是对同一个数组进行操作,所以数组的说明语句可放到"通用"部分(模块级变量);界面上用于输出每行和数的文本框需要多行显示,因此其MultiLine属性必须设置为"True"。

求二维数组每一行的和与求每一列的和,都应通过双重循环实现。例如,要求一个4行5列数组的每行的和并输出到一个多行文本框,可采用以下程序代码实现:

```
    For i = 1 To 4
        Sum = 0
        For j = 1 To 5                                          '求每行的和
            Sum = Sum + a(i, j)
        Next j
```

```
            St = St & Str(Sum) & vbCrLf
    Next i
    Text1.Text = St
```
若外循环控制列的变化,内循环控制行的变化,则可求出每一列的和。

【实验步骤】 首先参照图7-5设计本程序的窗体界面,并为各个对象设置适当的属性。

请按"分析"中的提示,并参考以前做过的题目,自行完成本程序的代码设计。运行程序进行测试,并保存相应文件。

实验 7-5

【题目】 判断完数。一个数如果恰好等于它的所有因子之和,这个数就被称为"完数"。一个数的因子是指除了该数本身以外能够整除该数的数。例如,6是一个完数,因为6的因子是1、2、3,而且6 = 1 + 2 + 3。

【要求】 输入一个数,判断该数是否是完数,并按图7-6或图7-7的样式输出判断结果;单击"输入下一个数"按钮后,清除文本框和图片框中的内容,并且将焦点设置在文本框中。

图7-6 完数结果界面

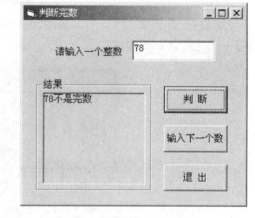

图7-7 非完数结果界面

【分析】 利用For-Next循环结构逐个求出输入数据的因子,存放到数组中,并对因子进行累加。所谓一个数n的因子,就是可以整除n的数。因为无法预知一个数因子的个数,所以需要使用动态数组。

【实验步骤】

1. 窗体布局和属性设置

在窗体上摆放Label、TextBox、Frame、PictureBox(用于显示结果,放在Frame里面)各一个,再将三个CommandButton拖放到窗体上,具体布局如图7-6所示。读者可按程序要求自行设置各对象的属性。

2. 完善程序代码

```
    Private Sub CmdJudeg_Click()
        Dim m As Integer, i As Integer, j As Integer, sum As Integer
        Dim a()
```

```
        m = Text1.Text
        For i = 1 To _____
            If _____ Then
                _____              '求因子数和
                j = j + 1                 '计因子数个数
                _____              '重定义数组,且保留原有数据
                _____              '将因子数保存在数组元素中
            End If
        Next i
        If m = sum Then
            Picture1.Print m & "是完数,因为"
            Picture1.Print m; " = ";
            For i = 1 To UBound(a) - 1    'UBound()为求数组上界函数
                Picture1.Print a(i); " + ";
            Next I
            Picture1.Print a(i)           '输出最后一个因子数
        Else
            Picture1.Print m & "不是完数"
        End If
    End Sub
    Private Sub CmdExit_Click()
        Unload Me
    End Sub
    Private Sub CmdNext_Click()
        _____                      '清除图片框中内容
        Text1.Text = ""
        _____                      '将焦点置于文本框 Text1
    End Sub
```

3. 执行工程并保存文件

运行程序,观察程序运行情况,最后保存程序文件。

4. 修改窗体和程序代码,另存文件

要求能够显示 1000 以内的所有"完数",结果存放在列表框中。将窗体和工程另外取名保存。

实验 7-6

【题目】 编写程序,找出 10～50 之间所有只有 3 个整数因子的数据(因子不包括数据本身)。

【分析】 求一个数的因子的算法同上。因为要求找出 10～50 之间所有只有 3 个整数因子的数据,也就是说需要逐个求出 10～50 中的每一个数的因子,保存到一个动态数组中,

再判断该数组的元素个数是否是3,是则输出该数据(若一维数组 a 下标的下界为1,则只要判断 UBound(a)=3 是否为 True)。

对某个范围内的数据——检查,看其是否满足规定的条件,这就是所谓的"穷举法"。利用 For-Next 结构语句即可实现本功能。

【**实验步骤**】 参照图7-8 设计本程序的窗体界面。界面由一个列表框 ListBox 和两个命令按钮 CommandButton 组成。请为各个对象设置适当的属性。

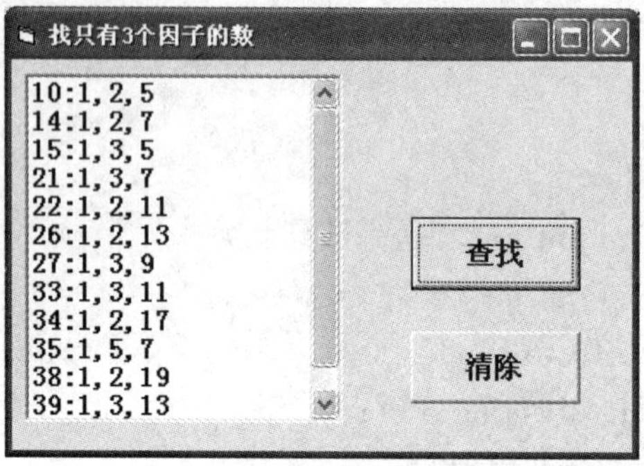

图7-8 "找只有3个因子的数"程序运行界面

请完善下面的程序代码。完成后运行并测试程序,且保存相关的文件。

```
Option Explicit
Option Base 1

Private Sub Command1_Click()
    Dim fn() As Integer, i As Integer, k As Integer
    Dim j As Integer, st As String
    For _____
        k = 0
        For j = 1 To i - 1
            If _____ Then
                k = k + 1
                _____
                _____
            End If
        Next j
        If _____ Then
            st = i & ":"
            For j = 1 To _____
                _____
            Next j
            List1.AddItem st & fn(j)
```

　　　　　　End If
　　　　Next i

End Sub

　　Private Sub Command2_Click( )
　　_____　　　　　　　　　　　　　　　　　　　'清空列表框
　　End Sub

【思考】　如果没有 k = 0 这个语句或者将该语句置于 Dim 语句之后(即在最外层循环之外),程序运行会出现什么问题? 想想这个语句的功能。

ReDim 语句中如果缺少 Preserve 这个关键字,程序运行又会出现什么问题?

实验　7-7

【题目】　编写程序,在一个文本框中输入一个简单的英文句子,找出这个英文句子中最长的单词。

【分析】　一个简单英文句子由若干个单词组成,单词间用空格分隔,末尾是点号。把第 1 个单词从句子中分解出来的方法是:把输入的句子存入一个字符变量 S,利用 InStr 函数获取首个空格的位置 n[使用赋值语句 n = InStr(S,″″)],再利用 Left 函数截取 S 左端 n - 1 个字符,第 1 个单词就被提取出来了。如果接着利用 Right 函数,截取 S 中除去前 n 个字符的部分赋给 S(原英文句子除去第 1 个单词的剩余部分),可利用上述方法获取下一个单词,依次类推,可逐个获取句子的各个单词,直到 n = 0 为止,剩下的 S 就是最后一个单词(注意:需要去掉后面的点号)。

由于英文句子长短不一,单词多少不同,可利用一个动态的字符型数组来存放获取的各个单词。

找出一个英文句子中最长单词的算法与求大求小的算法类似,不过比较的不是数据的大小,而是字符型数组元素的长度而已(利用 Len 函数即可)。

【实验步骤】　参照图 7-9 设计程序的窗体界面。界面由两个 TextBox、一个 ListBox、一个 Label 和三个 CommandButton 对象组成。文本框 Text1 用于输入英文句子,Text2 用于输出句子中的最长单词,列表框 List1 用于逐个输出(显示)组成句子的各个单词。请为各个对象设置适当的属性。

以下是命令按钮"查找"的单击事件过程代码,请完善它。

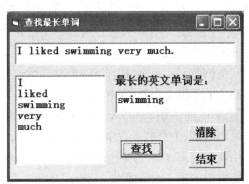

图 7-9　"查找最长单词"程序运行界面

　　Private Sub Command1_Click( )
　　　　Dim word( ) As String, S As String
　　　　Dim n As Integer, k As Integer, maxw As String
　　　　S = _____

```
        Do
            n = _____
            If n < > 0 Then
                k = _____
                ReDim _____
                word(k) = _____
                List1. AddItem word(k)
                S = _____
            End If
        Loop _____
        ReDim _____
        word(k + 1) = Left(S, Len(S) - 1)
        List1. AddItem _____
        maxw = _____
        For n = 2 To UBound(word)
            If _____ Then
                _____
            End If
        Next n
        Text2 = _____
    End Sub
```

命令按钮"清除"的单击事件过程的功能是清空两个文本框及列表框,并把焦点置于文本框 Text1 上。请自行编写命令按钮"清除"与"结束"的单击事件过程的代码。

【思考】 是否可借用本方法,在文本框中输入用空格(或逗号)分隔的若干个数据,把其中的每一个数据逐个提取出来,存入一个数组?

实验 7-8

【题目】 计算天数。编写一个应用程序,任意输入一个日期,即可计算出这个日期是一年中的第几天。

【分析】 一年中的每一个月天数通常是一定的,而闰年的 2 月份是 29 天,因此要判断输入的年份是否是闰年。每月的天数可以事先赋值到数组中,但 VB 中没有给数组赋初值的语句,而使用 InputBox 函数从键盘上输入多个固定数据又很不方便。为解决这一问题,采用将 12 个月的天数事先存放在 ListBox 中,并定义一个一维数组 Mtable(12),运行程序时用代码将 ListBox 中的数据分别给数组 Mtable 的每个元素赋值。若输入的年份是闰年,则将数组的第 2 个元素改为 29。ListBox 在运行时不显示出来,如图 7-10 所示。对于固定的 1~12 个月和 1~31 天这些数字,将它们放在两个组合框中便于选择。

【算法提示】 若年份能被 4 整除同时不能被 100 整除,或者年份能被 400 整除,这一年就是闰年,在窗体上就用一个标签显示"闰年"字样。

【实验步骤】
1. 窗体设计

窗体设计界面如图 7-11 所示。

图 7-10　计算天数程序运行界面　　　　图 7-11　计算天数窗体布局

2. 属性设置(部分控件)

控件名称	属性名称	属性值
组合框 1	Name	CmbMonth
	Text	1
	List	1 2 3 4 5 6 7 8 9 10 11 12
	Style	0
组合框 2	Name	CmbDay
	Text	1
	List	1 2 3 4 5 6 7 8 … 30 31
	Style	0
列表框 1	List	31 28 31 30 31 20 31 31 30 31 30 31
	Visible	False
闰年显示标签框	Name	LabLeap
	Caption	闰年
	Font	斜体 4 号字
	Visible	False

说明：其余控件属性请参考窗体和代码自己设置。

3. 添加程序代码

　　Option Explicit
　　Option Base 1　　　　　　　　　　　　　　　'数组下标从 1 开始

　　Private Sub CmdCountdays_Click( )
　　　　Dim days As Integer, i As Integer, J As Integer

```
        Dim Mtable(12) As Integer
        For J = 1 To 12
            Mtable(J) = _____                    '将月份天数赋给数组
        Next J
        If (TxtYear Mod 4 = 0 And TxtYear Mod 100 <> 0 Or TxtYear Mod 400 = 0) Then
            _____                                '闰年的 2 月份为 29 天
            LabLeap. Visible = True                 '闰年标签出现
        End If
        days = Cmbday. Text
        For i = 1 To CmbMonth. Text - 1
            days = days + Mtable(i)
        Next i
        TxtDays. Text = days
    End Sub


    Private Sub TxtYear_Change()
        LabLeap. Visible = False                    '输入年份时,闰年标签隐藏
    End Sub


    Private Sub CmdExit_Click()
        Unload Me
    End Sub
```

4. 运行工程并保存文件

运行程序,观察程序运行结果,最后保存文件。

实验 7-9

【题目】 产生 10 个二位随机整数,用冒泡排序法对 10 个数按升序排列。

【分析】 假设在数组 A 中存放 N 个无序数据,要求将这 N 个数按升序重新排列。

第一轮比较:用 A(1) 和 A(2) 比较,若 A(1) > A(2),则交换这两个数组元素的值,否则不交换;然后再用 A(2) 和 A(3) 比较,处理方法相同;以此类推,直到 A(N-1) 和 A(N) 比较后,这时 A(N) 中就存放了 N 个数中最大的数。

第二轮比较:将 A(1) 和 A(2)、A(2) 和 A(3)……A(N-2) 和 A(N-1) 进行比较,处理方法和第一轮相同,这一轮比较结束后 A(N-1) 中就存放了 N 个数中第二大的数。

第 N-1 轮比较:将 A(1) 和 A(2) 进行比较,处理方法同上,比较结束后,这 N 个数已按从小到大的次序排列好。

冒泡排序与选择排序法不同,选择排序法是逐个比较,逆序交换;冒泡排序法是两两比较,逆序交换。

【实验步骤】
1. 窗体布局和属性设置

窗体布局可参照图7-12，属性可根据程序要求自行设置。

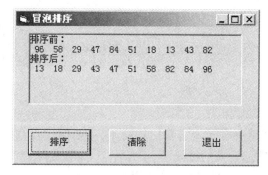

图7-12 "冒泡排序"程序运行界面

2. 完善程序代码

```
Option Base 1
Private Sub cmdSort_click()
    Dim rndArray(10) As Integer
    Dim i As Integer, j As Integer, temp As Integer
    Randomize                                        '随机化语句
    Picture1.Print "排序前:"
    For i = 1 To 10
        rndArray(i) = Int(90 * Rnd + 10)             '生成两位随机整数
        Picture1.Print rndArray(i);
    Next i
    For i = 1 To _____
        For j = _____
            If _____ Then
                temp = _____
                _____
                _____
            End If
        Next j
    Next i
    Picture1.Print
    Picture1.Print "排序后:"
    For i = 1 To 10
        Picture1.Print rndArray(i);
    Next i
    Picture1.Print
```

End Sub

3. 运行工程并保存文件

运行程序,观察程序运行情况,最后保存程序文件。

实验 7-10

【题目】 设有一个二维数组 A(5,5),试编写程序计算:

(1) 所有元素之和。

(2) 所有靠边元素之和。

(3) 两条对角线元素之和。

【分析】 求二维数组所有元素之和比较简单,只要使用双重循环即可;求所有靠边元素之和,关键是要找出靠边元素的特征(行下标等于1或列下标等于1或行下标等于5或列下标等于5);求对角线元素之和,与此类似,找出它们的特征即可(注意主对角线与副对角线的差异)。

【实验步骤】 请自行设计适当的窗体界面,并完成程序代码。

实验 7-11

【题目】 编写程序,生成十个无重复数(即互不相等)的两位随机整数。

【分析】 这是一个必须利用数组才能解决的问题。其方法是:先生成1个随机数作为数组的第1个元素,并令 k=1,再生成下一个随机数 n,n 要和前面已经生成的数组元素一一比较(设前面已经生成了 k 个互不相等的元素,则应与这 k 个元素依次比较),如果与前面的某个元素相同,则舍弃这个 n,再生成一个新的 n,继续比较;如果与前面的元素都不相同,则 k 加 1,并把这个 n 赋给数组的第 k+1 个元素。如此重复,直到得到规定个数的符合要求的数据为止。

【实验步骤】 可参照图 7-13 设计窗体界面。界面由一个存放生成数据的文本框与两个命令按钮组成。请为各个对象设置适当的属性。

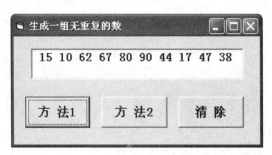

图 7-13 "生成一组无重复的数"程序运行界面

下面是本程序"运行"按钮的单击事件过程的不完整的程序代码,请完善它,另外再自行设计"清除"按钮的代码。运行并测试程序,最后保存相关的文件。

```
Option Explicit
Option Base 1
Private Sub Command1_Click( )
```

```
        Dim a(10) As Integer, n As Integer
        Dim i As Integer, k As Integer
        Randomize
        a(1) = Int(Rnd * 90) + 10
        k = 1
        Do
            n = _____
            For _____        '将刚生成的随机数与已有数据进行比较
                If _____ Then Exit For
            Next i
            If _____ Then    '若刚生成的随机数与已有数据不同,则保留该数
                k = _____
                a(k) = n
            End If
        Loop _____
        For i = 1 To 10
            Text1 = Text1 & Str(a(i))
        Next i
    End Sub

    Private Sub Command2_Click()
        Dim a(10) As Integer, n As Integer, J As Integer
        Dim i As Integer, k As Integer
        Randomize
        For J = 1 To 10
            Do
                n = Int(Rnd * 90) + 10
                For i = 1 To k
                    If n = a(i) Then _____
                Next i
            Loop _____
            _____
            a(k) = n
            Text1 = Text1 & Str(a(k))
        Next J
    End Sub
```

比较方法1和方法2,可以看出:

(1) 在一定环境下 For 循环和 Do 循环可以互相替换。

(2) 为什么方法2少用了一个 If 判断结构,能得到与方法1同样的结果。

实验 7-12

【题目】 产生 10 个 20～50 之间的两位随机整数,用二分法查找其中是否有 36 这个数,若有,请输出其在数组中的位置(排序后的位置);若没有,请给出相应的提示信息。

【分析】 用二分法查找的前提条件是:数据已经排好序。只要在实验 7-9 的基础上,增加一个按钮实现二分法查找的功能即可。二分法的算法请参考教科书中例 6-8。

在两个按钮的单击事件中要对同一数组进行操作,所以要将数组的说明语句放到"通用部分"(窗体级变量)。

【实验步骤】 请参照图 7-14 设计窗体界面,并自行编写程序代码。

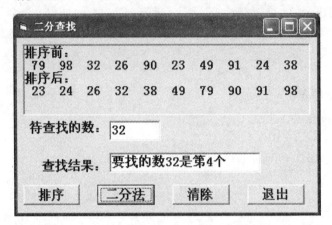

图 7-14 "二分查找"程序运行界面

实验 7-13

【题目】 产生 20 个 20～40 之间的两位随机整数,统计不同数据出现的次数。

【分析】 定义一个窗体级的数组(Dim A(20)),将生成的随机整数存放在该数组中。在 Command2_Click 事件过程中,可定义一个一维数组,它的维界说明为(20 To 40)(例如,Dim B(20 to 40))。用 B 数组元素的下标对应相应整数,用 B 数组元素的值表示其下标值对应的整数出现的次数。在处理过程中用 A 数组的元素作为 B 数组的下标。例如,使用语句 B(A(I)) = B(A(I)) +1,就可实现对某个数出现的次数进行统计。

【实验步骤】 首先参照图 7-15 设计程序窗体界面。界面由一个用于输出生成的随机数据的多行文本框、一个用于输出结果的列表框和四个命令按钮组成。请为界面各个对象设置适当的属性。

按照"分析"中的相关提示,设计算法并编写相应的程序代码。

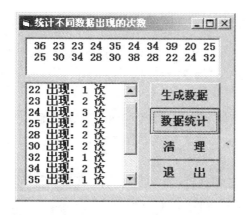

图 7-15 "统计不同数据出现的次数"程序运行界面

实验 7-14

【题目】 编写程序,将一个整数表示成若干个质因子连乘的形式。例如,数据 245 可表示成 $5 \times 7 \times 7$ 的形式。

【分析】 把一个整数 n 表示成若干个质因子连乘的形式,也称为分解"质因子"。其方法是:从最小的质数(素数)p=2 开始,判断 n 能否被 p 整除,如果能(真),则 p 就是 n 的一个质因子,加以保存,并求 n 除以 p 的商,对商再判断能否被 p 整除,如果能再保存,再求商……如果不能整除,则 p 加 1。如此反复,直到商等于 1 为止。

由于不同整数的质因子个数有别,应采用动态数组存放。

【实验步骤】 首先参照图 7-16 设计程序窗体界面。界面由两个文本框、两个标签和三个命令按钮组成。标签 Label2 的 Caption 属性应在程序运行时根据输入的数据进行设定。请为界面各个对象设置适当的属性。

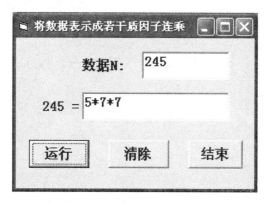

图 7-16 "将数据表示成若干质因子连乘"程序运行界面

请按照"分析"中的相关提示自行设计算法,并编写相应的程序代码。

实验 7-15

【题目】 编写程序,计算下面 4×4 的二维数组的两条对角线上的元素和。

$$\begin{pmatrix} 45 & 30 & 26 & 48 \\ 55 & 20 & 17 & 39 \\ 41 & 25 & 19 & 22 \\ 31 & 18 & 22 & 10 \end{pmatrix}$$

【分析】

● 生成二维数组:首先按行将给定数组的每个元素值输入到文本框,每个元素之间用逗号分隔;然后用一个双重循环将文本框中数据分别赋值给二维数组的每个数组元素。具体方法参照实验7-10。

● 计算对角线上元素之和:假定数组名为 A,并且是 n×n 的数组,则数组主对角线上元素是 A(I,I),副对角线上元素是 A(I,n+1-I)。

【实验步骤】 参照图7-17设计程序窗体界面,在窗体上设置三个文本框(存放相关数据)、三个标签和两个命令按钮。根据程序窗体界面,按"分析"中的相关提示编写程序。

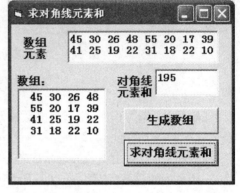

图7-17 "求对角线元素和"程序运行界面

实验 8 控件数组

目的和要求

- 掌握控件数组的产生方法。
- 明确控件数组中控件名称的组成特点。
- 掌握运用控件数组编程的方法。

8.1 控件数组

1. 创建控件数组

先将第一个控件的大小和各个属性设置好,然后选中该控件,并进行复制和粘贴操作。在弹出的询问"创建一个控件数组吗?"对话框中,单击"确定"按钮。重复进行复制和粘贴操作,就可以产生一组同类型的控件。

2. 控件数组的特点

(1) 运用复制和粘贴的方法产生的控件数组,它们的名称相同,要靠名称后面括号中的索引值(下标)来区分每一个控件。索引值从 0 开始顺序编号,如 Command1(0),Command1(1)等。

(2) 创建控件数组时,后面复制生成的控件继承了第一个控件的绝大部分属性,但是 Index 和 TabIndex 属性不能被复制。

(3) 在框架控件中创建控件数组时,在粘贴之前,需先对框架单击(选中框架),使复制出的控件出现在框架的左上角,然后将其拖曳到框架中的适当位置。如果是从窗体的左上角将复制的控件拖曳到框架中,这个控件是无效的。有一个方便的有效性检验方法:在窗体上拖动框架,如果所有里面的控件都跟着移动,控件数组有效;否则,控件数组无效。解决办法是将不跟着移动的控件删除,重新复制。

(4) 控件数组的优点:避免重复设置相同控件的属性;可以共享代码,避免相同代码重复书写,优化了程序;根据索引号的不同,可以利用 If 条件分支和 Select 多分支结构分段进行编码。

8.2 实验内容

实验 8-1

【题目】 设计一个给输入的英文短语加密和解密的应用程序。

【要求】
- 加密方法:按照原字母 ASCII 码加 2 的规则进行加密。
- 解密方法:按照加密后的字母 ASCII 码减 2 的规则进行解密。
- 用 InputBox 函数从键盘上输入短语;加密和解密的结果用 MsgBox 函数输出。

【分析】 用控件数组产生三个命令按钮。编制代码时用 If-Then-Else-End If 对控件数组的下标(Index)进行判断,以便执行相应的操作。

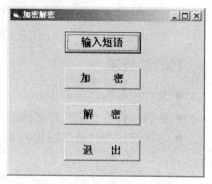

图 8-1 "加密解密"窗体界面

【实验步骤】
1. 界面设计

在窗体上放置一个命令按钮,并对其设置相关属性(见下表),用复制、粘贴的方法产生另外三个命令按钮,形成控件数组,如图 8-1 所示。

2. 属性设置

控 件	属 性	设 置 值
窗体1	Caption	加密解密
命令按钮1(0)	Name	cmdOperate
	Caption	输入短语
	Font	小四、粗体
命令按钮1(1)	Name	cmdOperate
	Caption	加 密
	Font	小四、粗体
命令按钮1(2)	Name	cmdOperate
	Caption	解 密
	Font	小四、粗体
命令按钮1(3)	Name	cmdOperate
	Caption	退 出
	Font	小四、粗体

3. 添加程序代码

```
Dim sPhrase As String, sEncrypted As String        '说明窗体级变量
Dim iLen As Integer


Private Sub cmdOperate_Click(Index As Integer)
                'Index 参数是系统提供的命令按钮控件数组的下标索引变量
    Dim sCurrent As String, sNew As String
    Dim sDecrypted As String
    Dim x As Integer
    If Index = 0 Then
```

```
            sPhrase = InputBox("请输入短语","短语将被加密")
            iLen = Len(sPhrase)                '计算长度
        ElseIf Index = 1 Then
            For x = 1 To iLen                  '加密
                sCurrent = Mid(sPhrase, x, 1)
                sNew = Chr(Asc(sCurrent) + 2)
                sEncrypted = sEncrypted & sNew
            Next x
            MsgBox sEncrypted, vbExclamation, "加密的短语"
                                               '输出加密结果
        ElseIf Index = 2 Then
            For x = 1 To iLen
                sCurrent = Mid(sEncrypted, x, 1)   '解密
                sNew = Chr(Asc(sCurrent) - 2)
                sDecrypted = sDecrypted & sNew
            Next x
            MsgBox sDecrypted, vbExclamation, "解密的短语"
                                               '输出解密结果
        Else
            Unload Me
        End If
    End Sub
```

4. 执行程序并保存文件

执行结果如图 8-2 所示。

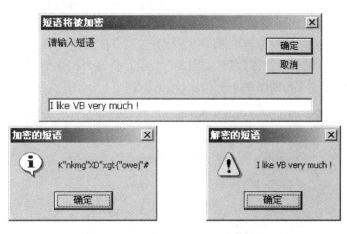

图 8-2　输入、加密、解密对话框

5. 思考

若要使 YZ 和 yz 加密后变为 AB 和 ab,即最后两个字母加密变成最前两个字母而不是其他符号,解密方法与之相反。该怎样修改程序?

实验 8-2

【题目】 创建一应用程序,可提供有关旅游线路、出行方式以及相应价格的查阅。旅游线路有三条,每一条旅游线路都提供两种出行方式,且对应的价格不同,具体数据如下表所示。

旅游线路	出行方式	价格/(元/人)
南京－青岛－大连	双卧6日游	1580
	单飞5日游	1880
南京－三峡－重庆	轮船12日游	1280
	单飞7日游	1980
南京－杭州－普陀	汽车5日游	780
	双飞3日游	1080

【要求】 三条旅游线路的选择用一组选项按钮(单选按钮)实现;当选中某条线路时,出现与这条线路相关的两种出行方式;选中具体的出行方式后,显示出对应的价格。

【分析】 三条旅游线路共对应六种出行方式,当选中某条线路时,只能出现与这条线路相关的两种出行方式,另外四种出行方式要隐藏起来。所以将六种出行方式分为三组,每次出现其中的一组,隐藏其他两组。

【实验步骤】
1. 界面设计

(1) 在窗体上放置一个 Label 控件、一个 PictureBox 控件和一个 CommandButton 控件。

(2) 放置框架1(Frame 控件),在框架中用控件数组的方式产生一组(三个)单选按钮,用来提供旅游线路。

(3) 放置框架2(Frame 控件),在框架中用控件数组的方式产生一组(两个)单选按钮,用来提供第一条旅游线路所对应的出行方式。选中框架2,对其进行两次复制、粘贴操作(框架中的单选按钮会一同被复制),即产生一组(三个)框架控件数组,这三个框架中的六个单选按钮也自动形成一组控件数组,如图 8-3 所示。将各个控件的属性设置好后,把旅游方式三个框架重叠在一起,如图 8-4 所示。

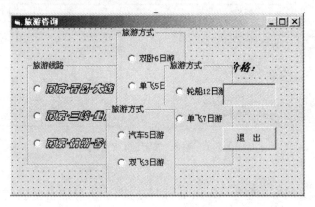

图 8-3 窗体设计时的界面

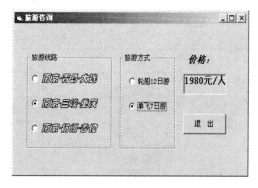

图 8-4 窗体运行时的界面

2. 属性设置

注意:通过对框架 2 控件数组的可见性(Visible)属性的不同设置,就可以控制某一个框架出现,而将另两个控件隐藏起来。

控 件	属 性	设 置 值
窗体 1	Caption	旅游咨询
标签框 1	Caption	价格:
	Font	小四、粗斜体
图象框 1	Name	pctPrice
	Font	小四、粗体
框架 1	Name	frmRoad
	Caption	旅游线路
单选按钮 1(0)	Caption	南京 – 青岛 – 大连
	Font	小四、斜体、华文彩云
单选按钮 1(1)	Caption	南京 – 三峡 – 重庆
	Font	小四、斜体、华文彩云
单选按钮 1(2)	Caption	南京 – 杭州 – 普陀
	Font	小四、斜体、华文彩云
框架 2(0)	Name	frmWay
	Caption	旅游方式
	Visible	True
框架 2(1)	Name	frmWay
	Caption	旅游方式
	Visible	False

续表

控 件	属 性	设 置 值
框架2(2)	Name	frmWay
	Caption	旅游方式
	Visible	False
单选按钮2(0)	Caption	双卧6日游
单选按钮2(1)	Caption	单飞5日游
单选按钮2(2)	Caption	轮船12日游
单选按钮2(3)	Caption	单飞7日游
单选按钮2(4)	Caption	汽车5日游
单选按钮2(5)	Caption	双飞3日游
命令按钮1	Name	cmdExit
	Caption	退　出

3. 添加程序代码

```
Private Sub cmdExit_Click( )
    Unload Me
End Sub

Private Sub Option1_Click(Index As Integer)
    pctPrice.Cls                              '图像框清屏
    frmWay(0).Visible = False                 '旅游方式的框架初始化为不可见
    frmWay(1).Visible = False
    frmWay(2).Visible = False
    frmWay(Index).Visible = True              '选定旅游方式的框架设置为可见
    Option2(Index * Index + 0).Value = False  '单选按钮初始化
    Option2(Index * Index + 1).Value = False
End Sub

Private Sub Option2_Click(Index As Integer)
    pctPrice.Cls
    Select Case Index
        Case 0
            pctPrice.Print "1580 元/人"
        Case 1
            pctPrice.Print "1880 元/人"
        Case 2
```

                    pctPrice. Print "1280 元/人"
                Case 3
                    pctPrice. Print "1980 元/人"
                Case 4
                    pctPrice. Print "780 元/人"
                Case 5
                    pctPrice. Print "1080 元/人"
            End Select
        End Sub

4. 运行程序并保存文件

测试各种旅游线路和出行方式的组合情况,参见图 8-4。最后保存文件。

5. 修改上例,并另外保存

请自己添加两条旅游线路以及配套的出行方式。将旅游线路改放在组合框控件中,以便选择;出行方式仍用本例中的框架控件数组方法;修改代码实现上述功能,并将文件另外保存。

实验 8-3

【题目】 创建综合运算程序。

【要求】
- 建立主窗体。在主窗体上设计菜单和按钮,实现调用两个运算窗体的功能。
- 添加两个窗体,分别实现四则运算和计算器功能,如图 8-5 所示。

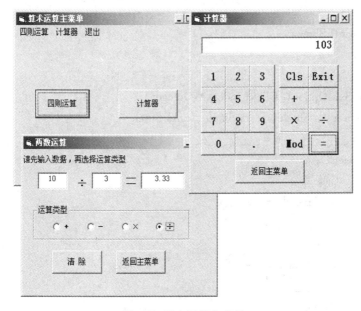

图 8-5 综合运算多窗体

- 算式中的运算符能动态变化,四则运算中的除法运算结果要求保留 2 位小数,对第 3 位四舍五入。

【分析】

● 四则运算窗体上的运算类型单选按钮 OptionButton 构成控件数组 Option1，在 Option1_Click(Index As Integer)事件中用 Select Case 结构，对 OptionButton 的 Index 进行判断，在相应 Case 中填写简单的代码即可实现题目要求。

● 对 n 保留 2 位小数，对第 3 位四舍五入的计算式是：Int((n)*100+0.5)/100。你能写出对 n 保留 3 位小数，对第 4 位四舍五入的计算式吗？

● 计算器的代码教材中有详细的介绍，请参考有关的内容，或参考本书附录 Ⅱ 中的内容。

【实验步骤】 本程序(工程)由多个窗体组成。先设计含有菜单的主窗口，再通过"添加窗体"，可创建本工程的其他窗体。在"工程资源管理器"窗口中选中需要设计编辑的窗口，设计窗体界面，并为界面对象设置适当的属性；同时在该窗口的代码编辑器中输入程序代码。

下面是"四则运算"窗体的部分代码，请完善它。

```
Option Explicit

Private Sub cmdClear_Click()
    Text1 = "": Text2 = "": Text3 = ""
    Text1.SetFocus
End Sub

Private Sub cmdBack_Click()
    Hide
    Form1.Show
End Sub

Private Sub Option1_Click(Index As Integer)
    Dim a As Single, b As Single, c As Single
    a = _____ : b = _____
    Select Case _____
        Case 0
            Label2 = " + "
            _____
        Case 1
            Label2 = " - "
            _____
        Case 2
            Label2 = " × "
            _____
        Case 3
```

```
            Label2 = " ÷ "
            c = a/b
    End Select
    Text3 = _____
End Sub
```
其他窗体的代码请自行完成。运行并测试程序的正确性。

实验 9 通用过程程序设计

目的和要求

- 掌握通用 Sub 过程的定义和调用方法。
- 掌握自定义 Function 函数过程的定义和调用方法。
- 掌握 Sub 子过程和 Function 函数过程的特点及区别。
- 掌握形实结合及参数传递的方式及特点。

9.1 过程调用与参数传递

1. 过程调用

调用 Sub 过程有两种方式,请注意它们在书写上的区别。

(1) 语句格式:

Call 过程名(实参表列)

例如:Call chang(x, y)

　　　Call max((m), n)

(2) 命令格式:

过程名 实参表列

例如:chang x, y

　　　max(m), n

2. 参数传递

VB 中过程的参数传递分为按"地址"传递(缺省或在形参前添加 ByRef 说明)和按"值"传递(在形参前添加 ByVal 说明)。按"地址"传递又称"引用"传递,形参在函数中发生变化,实参也同时跟着变,所以是"双向"传递;按"值"传递时,形参在函数中发生变化,实参不会跟着变,实参将值传给形参后,两者就没有关系了,所以是"单向"传递。

对于不同类型的数据来说,简单变量有按"地址"和"值"两种传送方式;表达式只有按"值"传送一种方式;数组只能按"地址"传递。如果想把简单变量形式的实参也只按"值"传送的话,可以给实参变量加上括号,这样简单变量就变为表达式了。例如,Call max((m), n),(m)是表达式而不是简单变量,因此 m 只能按"值"传送。

9.2 实验内容

实验 9-1

【题目】 编写一个找一维数组的最大元素与最小元素值的通用过程,并调用这个过程,找出由 10 个两位随机整数组成的数组的最大元素与最小元素。

【分析】 本程序代码部分的编写可分成两步。首先设计找数组最大与最小元素值的通用过程;再设计调用该过程的主调过程及其他辅助的事件过程。

根据设计通用过程的一般原则,先要确定该过程为 Sub 过程还是 Function 过程。因为本过程要获得两个返回结果(最大值与最小值),所以应设计为 Sub 过程。二是要确定本过程的形参。因为需要从主调过程得到一个相应的数组,返回该数组的最大元素与最小元素,所以本过程需要一个数组形参和两个简单变量形参,类型可设为整型。求最大元素与最小元素的算法是已知的,但为保证过程的通用性,数组的下标的上、下界应分别使用 UBound 函数与 LBound 函数得到。

通用过程设计好了,主调过程的设计就简单了。主调过程主要包括输入数组、调用过程、输出结果几大步骤。需要注意的是要对相关的实参进行说明。

【实验步骤】 首先参照图 9-1 设计本程序的窗体界面。界面由三个文本框控件、两个标签控件及三个命令按钮控件组成。请为各个对象设置适当的属性。

程序的运行方式是:执行程序,单击"运行"按钮,随机生成 10 个两位整数存入一个数组,并输出到文本框 1 中,调用求最大元素与最小元素过程,将最大元素值与最小元素值分别输出到文本框 2 与 3;单击"清除"按钮,清除文本框;单击"结束"按钮,结束程序运行。

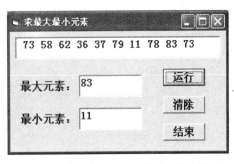

图 9-1 "求最大最小元素"程序运行界面

以下是本程序不完整的代码,请完善它。

```
Option Explicit
Option Base 1

Private Sub maxmin(_____)
    Dim i As Integer
    max = _____ : min = _____
    For i = LBound(a) + 1 To _____
        If a(i) > max Then
            _____
        ElseIf a(i) < min Then
            _____
        End If
    Next i
End Sub

Private Sub Command1_Click()
    Dim x(10) As Integer, maxv As Integer, minv As Integer
```

```
        Dim i As Integer
        For i = 1 To 10
            x(i) = _____
            Text1 = Text1 & Str(x(i))
        Next i
        Call _____
        Text2 = maxv
        Text3 = minv
    End Sub


    Private Sub Command2_Click()
        _____
        _____
    End Sub


    Private Sub Command3_Click()
        _____
    End Sub
```

【思考】 请把本程序的代码设计与实验 7-2 进行比较,本程序有何特点?请自行修改本程序的通用过程,在求出最大值与最小值的同时,还可求出最大元素与最小元素的序号;修改主调程序,在输出最大值与最小值的同时,输出最大元素与最小元素的序号。

实验 9-2

【题目】 编写判断输入数据是否是自守数(同构数)的程序。所谓自守数(同构数),是平方运算后尾数等于该数自身的自然数。例如,$25^2 = 625$,$76^2 = 5776$,$9376^2 = 87909376$。

【分析】 根据自守数的特点,可利用字符函数截取适当的数位进行比较即可。由于判断结果仅为是还是否(即逻辑值 True 或 False),所以可设计一个 Function 函数过程,函数的形参(即自变量)也只需要一个,类型最好为长整型。

【要求】 单击"判断"按钮,判断文本框中输入的数据是否是自守数,若是,则自动添加到右边的列表框中;若不是,则弹出一个消息框,说明该数不是一个自守数(图 9-2)。

图 9-2 消息框

【实验步骤】
1. 界面设计
参考图 9-3。
2. 完善程序代码
"清空"、"退出"按钮的事件过程代码略。

图 9-3 "判断自守数"程序运行界面

```
    Private Sub Command1_Click()   '判断代码
        Dim x As Long
        x = Val(Text1.Text)
        If verify(x) Then
            _____
        Else
            MsgBox Str(x) & "不是自守数。", vbInformation
        End If
    End Sub

    Private Function verify(x As Long) As Boolean
        Dim y As Long, s As Integer, z As String
        verify = False
        y = x * x
        s = _____
        If x = Val(Right(CStr(y), s)) Then
            verify = _____
        End If
    End Function
```

3. 运行工程并保存文件
运行程序,观察程序运行情况,最后保存文件。

实验 9-3

【题目】 找出给定范围内的佩服数。在一个整数的所有真因子(除了本身之外的所有因子)中,若存在一个因子 d′,将不是 d′ 的所有因子相加求和,再减掉 d′,若等于这个数本身,则称该数为佩服数。

例如:12 的所有真因子是 1、2、3、4、6;12 = 1 + 3 + 4 + 6 - 2,因此 12 是一个佩服数。

【分析】 在文本框 Text1 和 Text2 中输入查找范围。

● 主调程序比较简单,将两个文本框输入的内容分别赋值给变量 A 和 B,确定范围。调用 Sub 子过程 Fact 生成某整数的所有因子(不包括本身)。然后调用函数过程 Verify 判断这个数是否是佩服数,若是佩服数就将它显示在列表框中。

● 编写一个 Sub 子过程,在循环中用 MOD 运算找出一个整数的所有因子,并将它们存储在动态数组 F 中。

● 编写一个函数过程,按佩服数的定义,对存放因子的数组元素进行加、减运算;对运算值进行判断,确定这个数是否是佩服数,若是佩服数,函数返回值为 True(真),否则函数值为 False(假)。

运算方法:用一个双循环结构完成对存放因子的所有数组元素进行加、减运算以及判断。外循环控制在一轮运算中哪一个数组元素不参加加法运算,而作为一个减数;在内循环中对除了作为减数的那一个数组元素外的所有元素进行累加;内循环结束后,用得到的运算值与这个数进行比较,若相等给函数赋 True,否则赋 False。

【实验步骤】 参照图 9-4 设计程序界面。界面中使用两个文本框控件与两个标签控件接收与查找范围有关的数据。

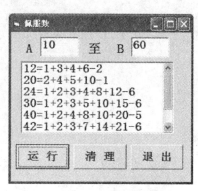

图 9-4 程序运行界面

程序的运行方式是:执行程序,在文本框 a 与 b 中分别输入相关数据;单击"运行"按钮,将 a~b 范围内的佩服数输出到列表框;单击"清除"按钮,清除文本框与列表框,并将焦点置于文本框 Text1 上;单击"退出"按钮,结束程序运行。

以下是本程序不完整的代码,请完善它(自己编写"清除"和"退出"过程)。

```
Option Explicit
Option Base 1

Private Sub Command1_Click()
    Dim I As Integer, S As String, F() As Integer
    Dim A As Integer, B As Integer
    A = Text1
    B = Text2
    For I = A To B
        Call Yz(I, F)
        If Verify(I, F, S) Then
            List1.AddItem I & "=" & S
        End If
    Next I
End Sub

Private Sub Yz(N As Integer, F() As Integer)
    Dim I As Integer, K As Integer
    For I = 1 To N - 1
        If _____ Then
            _____
            ReDim Preserve F(K)
            _____
```

                End If
            Next I
        End Sub

Private Function Verify(N As Integer, F( ) As Integer, St As String) As Boolean
    Dim I As Integer, K As Integer, Sum As Integer, J As Integer
    For I = 1 To UBound(F)
        Sum = 0
        _____
        For J = 1 To UBound(F)
            If J <> I Then
                _____
                St = St & F(J) & "+"
            End If
        Next J
        If N = Sum – F(I) Then
            _____
            St = Left(St, Len(St) – 1) & "–" & F(I)
            Exit Function
        End If
    Next I
End Function

实验 9-4

【题目】 编写程序,求 a、b 两个数的最大公约数和最小公倍数。
【要求】 两个 OptionButton 用控件数组生成,并在其相应的事件过程中编写主程序。
【分析】 采用辗转相除法(欧几里得法)编写求最大公约数的过程。
【实验步骤】
1. 界面设计
参考图 9-5 设计本程序的窗体界面,并为各个对象设置适当的属性。

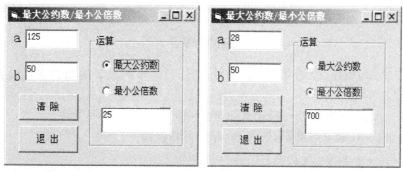

图 9-5 本程序的运行界面

2. 添加程序代码

"清除"和"退出"按钮事件过程代码略。

```
Option Explicit

Private Sub Option1_Click(Index As Integer)
    Dim a As Integer, b As Integer
    Dim m As Integer, d As Integer
    a = Text1
    b = Text2
    m = common(a, b)
    If Index = 0 Then
        Text3 = m                              '输出最大公约数
    Else
        d = _____                       '计算最小公倍数
        Text3 = d
    End If
End Sub

Private Function common(ByVal a As Integer, ByVal b As Integer) As Integer
                                               '辗转相除求最大公约数过程
    Dim r As Integer
    Do
        _____                   '添加一段代码
    Loop While r <> 0
    common = a
End Function
```

3. 运行工程并保存文件

运行程序,观察程序运行情况,最后保存文件。

4. 提高要求

(1) 试编写一个求多个整数的最大公约数的程序。

(2) 试编写一个不利用最大公约数,求两个和多个整数的最小公倍数的程序。

实验 9-5

【题目】 编写程序,验证哥德巴赫猜想,即任意一个大于 2 的偶数都可以表示成两个素数之和。

【分析】 验证的步骤如下(设输入偶数为 x):

(1) 如果 x=4,输出结果 4=2+2(这是一种特殊情况)。

(2) 如若 x≠4,设 i=3(初值)。

(3) 如果 i 是素数,且 x-i 也是素数,则在文本框 Text2 中输出结果 i+y。

（4）若 i 或 x - i 不是素数,则 i = i + 2,转到第(3)步。

从上述步骤看,因为在程序中需要多次判断一个数是否为素数,所以可定义一个布尔类型的函数 Judge(x),如果 x 是素数,返回 True,否则返回 False。

【实验步骤】 首先参照图 9-6 设计本程序的窗体界面。界面由两个文本框、两个标签及三个命令按钮组成。请为各个对象设置适当的属性。

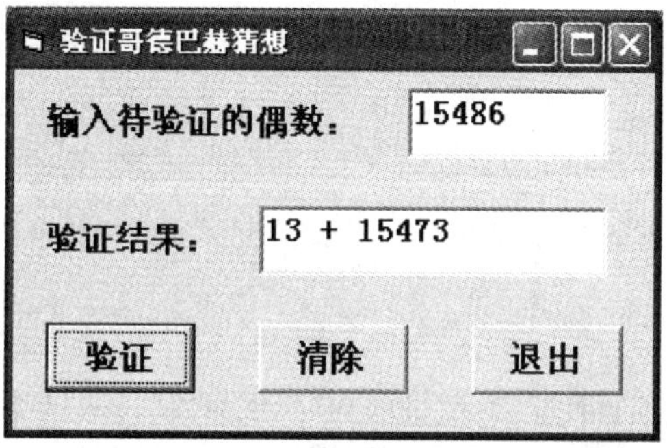

图 9-6 "验证哥德巴赫猜想"程序运行界面

以下是本程序不完整的代码,请完善它。

```
Option Explicit

Private Function Judge(n As Integer) As Boolean
    Dim i As Integer
    For i = ____ To ____
        If n Mod i = 0 Then _____
    Next i
    Judge = ____
End Function


Private Sub Command1_Click()
    Dim x As Integer, i As Integer
    x = ____
    If x = 4 Then
        Text2 = "2 + 2"
    Else
        i = ____
        Do While Text2 = ""
            If _____ Then
                Text2 = i & " + " & x - i
            Else
                _____
            End If
```

```
        Loop
      End If
End Sub


Private Sub Command2_Click( )
      _____
      _____
End Sub


Private Sub Command3_Click( )
      _____
End Sub
```

【思考】 如果需要编程查找 a~b 范围内的"孪生素数",参照本程序,需要做些什么修改即可?所谓"孪生素数"是指两个差值为 2 的素数,例如,3 和 5、5 和 7、11 和 13 等都是孪生素数。

实验 9-6

【题目】 编写一个将 N 进制数转换成十进制数的通用程序。

【分析】 把一个 N 进制数转换为十进制数的方法是"按权展开,逐项相加"。例如,二进制数转换为十进制数为

$$(11011)_2 = 1 \times 2^4 + 1 \times 2^3 + 0 \times 2^2 + 1 \times 2^1 + 1 \times 2^0 = (27)_{10}$$

如果是八进制,则权值的基数应改为 8,十六进制的基数应改为 16。将需要转换的数串由最低位开始到最高位逐个截取,权值的指数部分由 0 依次加 1。由于十六进制使用字母 A~F 分别表示数值 10~15,所以在编写数值转换的通用过程时,需要采用适当的方法对数串中的字母进行处理。例如,利用 Asc( ) 函数求出其对应的数值。

【实验步骤】 可参照图 9-7 设计一个窗体界面,并为相关对象设置适当的属性。其中,在输入需要转换的 N 进制数的文本框前的标签对象,应在运行中根据具体情况加以改变。

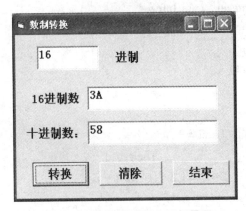

图 9-7 "数制转换"程序运行界面

以下是需要完善的实现 N 进制数转换为十进制数的通用过程。程序的其他事件过程，请读者自行完成。形参 s 是需要转换的 N 进制数，类型为字符串型；n 表示几进制，类型为整型（n 的取值可以是 2 或 8 或 16）。函数过程的返回值是转换结果，类型可以是整型（长整型）或字符型。

```
Private Function change(s As String, n As Integer) As String
    Dim i As Integer, k As Integer, sum As Integer
    Dim p As String * 1, q As Integer
    k = 0
    For _____
        p = _____           '使用 Mid 函数提取数字
        If p >= "0" And p <= "9" Then
            q = _____
        Else
            q = _____
        End If
        sum = sum + q * n^k
        k = _____
    Next i
    change = _____
End Function
```

【思考】 若界面设计采用如图 9-8 所示的形式，程序的主要事件过程需要做什么样的改变？通用的转换过程是否需要修改、改变？

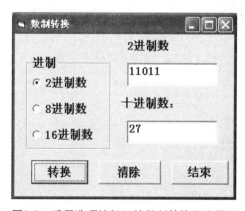

图9-8 采用选项按钮组的数制转换程序界面

实验 9-7

【题目】 编写程序，输入一个 n 位正整数，求其反序数并输出。例如，输入的正整数为 1234，输出则为 4321。如果一个数的末位数为 0，则该数没有反序数。

【分析】 最简单的求反序数的方法就是把原数据 n 由最高位到最低位（或由最低位到

最高位)的数字依次提取(分解)出来,再按相反的次序利用字符的"&"(连接)运算,依次拼接即可。参照实验9-3中的算法就可实现。由于只需要求反序数,提取出来的数字不需要存放到数组中,直接进行拼接就行了,程序可适当简化。

本程序可设计一个求反序数的通用过程,在主调事件过程中输入数据n,再调用相应过程求出n的反序数并输出即可。

【实验步骤】 读者可参照图9-9设计程序的窗体界面,为各个对象设置适当的属性。

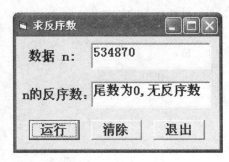

图9-9 "求反序数"程序运行界面

以下是本程序不完善的程序代码,请完善它("清除"与"退出"命令按钮的事件过程,请自行完成)。

```
Option Explicit

Private Function nx (_____) _____
    Dim k As Integer, st As String
    Do
        k = _____
        st = _____
        n = _____
    Loop _____
    nx = Val( st)
End Function

Private Sub Command1_Click( )
    Dim n As Long
    n = Text1
    If Right( CStr( n) , 1) = "0" Then
        Text2 = "n 尾数为 0,无反序数"
    Else
        Text2 = nx( n)
    End If
End Sub
```

对完成的程序,请运行并进行测试,加以保存。

实验 9-8

【题目】 一个 n 位的正整数,其各位数的 n 次方之和等于这个数,则称这个数为 Armstrong 数。例如,$153 = 1^3 + 5^3 + 3^3$,$1634 = 1^4 + 6^4 + 3^4 + 4^4$,所以 153 和 1634 都是 Armstrong 数。

编写程序,找出所有的二位、三位、四位的 Armstrong 数。

【分析】 解决本问题的关键就是需要把待检测数据的各位数字提取出来,通过运算,检验其是否是 Armstrong 数。

本程序可设计一个判别某个数是否是 Armstrong 数的布尔类型的通用 Function 过程,过程的形式参数有两个,一个是待检测的数据,可以是 Integer 类型;另一个是字符串变量,用于返回数字幂运算累加的式子(例如,1^3 + 5^3 + 3^3)。该通用过程完成 4 个任务:

(1) 在 For-Next 循环中"分解数字"。

(2) 对分解出来的数字进行 k(k 为待检测数的长度)次方运算,并将运算结果进行累加(假设累加器为 Sum)。

(3) 将数字的幂运算的式子(例如,5^3)拼接到字符串中(例如,1^3 +5^3 + 3^3)。

(4) 数字分解完成后(循环结束),根据累加和(Sum 的值)判断某数是否是 Armstrong 数,给函数过程名赋值 True 或 False。

主控的事件过程相对简单,在 For-Next 循环中,对 10 ~ 9999 之间的每一个数据进行判别。循环体由 3 个语句组成,给字符型实参变量(S)赋初值(例如,S = "153" & " ="),用循环变量和 S 作为实参调用通用函数过程,最后用 If-End If 结构判断函数返回值,确定是否输出 S 的值。

设计代码时应注意以比较清晰的方式输出结果。

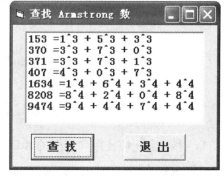

图 9-10 "查找 Armstrong 数"程序运行界面

【实验步骤】 首先参照图 9-10 设计程序的参考窗体界面。界面由一个列表框及两个命令按钮组成。

请自行完成全部程序代码的设计,测试并保存。

实验 9-9

【题目】 编写大奖赛裁判评分程序。设共有裁判 6 人,评分满分为 10 分,除去一个最高分,再除去一个最低分,剩余评分的平均值即为选手得分[设选手的得分由随机数产生(4 ~ 10 分)]。

【要求】 使用不同的界面实现题目要求。

● 程序参考界面一如图 9-11 所示,使用控件数组显示裁判给分。

● 程序参考界面二如图 9-12 所示,使用列表框显示裁判给分。

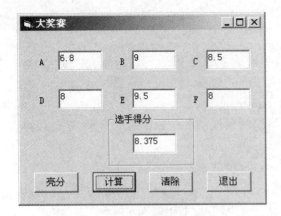
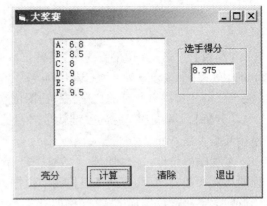

图9-11 "大奖赛"程序运行界面一　　　　图9-12 "大奖赛"程序运行界面二

● 得分计算用自定义过程实现。

【分析】 两个界面实现同一个功能,算法基本相同,只是一个是将生成的随机数输出到文本框控件数组的不同元素中,一个是输出到列表框中,实现方法有所区别。对界面一,可使用以下代码:

```
Dim sco(5) As Single
Private Sub Cmd亮分_Click()
    Dim i As Integer
    For i = 0 To 5
        sco(i) = (Int(Rnd * 61) + 40)/10
        Text1(i).Text = sco(i)
    Next i
End Sub
```

对界面二,应使用列表框的 AddItem 方法,每个裁判的序号(A~F)可利用 Chr 函数得到(请自行实现)。

在本程序中,可使用如实验9-1的通用 Sub 过程。在"计算"按钮事件过程中,先求出所有裁判打分的总和,再调用求一维数组最大元素与最小元素的过程求出最高分与最低分,最后按要求求出最后得分即可(注意形参与实参类型的匹配)。

说明:两个窗体可以放在同一个工程中,也可以放在不同的工程中。

【实验步骤】 按要求设计窗体界面,再自行设计全部程序代码。

实验 9-10

【题目】 编写程序,输入任意一个不超过9位的正整数,求出由该整数的全部数字组成的同样位数的一个最大整数与一个最小整数。

【分析】 根据题目的要求,可设计算法步骤如下:

● 输入数据 N。
● 分解数字。将组成 N 的各位数字依次提取出来,存入一个数组 A。
● 对数组 A 进行排序。

● 将排好序的 A 数组中的元素,按由大到小的次序依次连接,得到最大数并输出。
● 将排好序的 A 数组中的元素,按由小到大的次序依次连接,若最小的数字是 0,则应将不为 0 的最小数置于 0 的前面,得到最小数并输出。

依据算法,可设计一个分解数字并存入数组的通用过程,再设计一个通用的一维数组的排序过程。通过调用通用过程,主调过程将非常简单。

【实验步骤】 请参照图 9-13 设计本程序的窗体界面,并依照上述的算法设计程序的全部代码。

图 9-13 "求数字相同的最大最小数"程序运行界面

实验 9-11

【题目】 从文本框 Text1 和 Text2 中读取数组 a 和 b 的元素(各 5 个),使得 a、b 都是严格递增的(即元素从小到大排列,且无重复元素);将数组 a 和 b 中的元素合并到数组 c,使 c 也严格递增,若 a、b 中有相同的元素,则 c 中只保留其中一个;最后将数组 c 输出到文本框 Text3 中。

【要求】 编写通用过程 Read,实现从文本框中读取数组元素。
编写通用过程 Combine,其功能是将数组 a、b 中的元素合并到数组 c 中。

【分析】 a、b 两个数组是严格递增的数组,要实现严格递增的合并,可以定义三个整型数 p、q、r,分别为用于指向数组 a、b、c 下标的指针,它们的初值均为 1。在合并过程中可能出现以下三种情况:
● a(p) > b(q),则 c(r) = b(q);r = r + 1;q = q + 1。
● a(p) < b(q),则 c(r) = a(p);r = r + 1;p = p + 1。
● a(p) = b(q),则 c(r) = b(q) 或 c(r) = a(p);r = r + 1;p = p + 1;q = q + 1。

若数组 a(或 b)全部合并到数组 c 中,即 p = 5(或 q = 5),则结束比较,将数组 b(或 a)剩下的所有元素依次复制到数组 c 中。因为 a、b 数组中可能出现相同的数,则数组 c 元素个数不定,可以采取动态定义的方式。调试程序时数组 a、b 的元素分别为

4,6,8,16,21
2,8,9,21,30

【实验步骤】
1. 界面设计
请参照图 9-14 设计本程序的窗体界面。
2. 完善程序代码
Option Explicit
Option Base 1

Private Sub Command1_Click( )

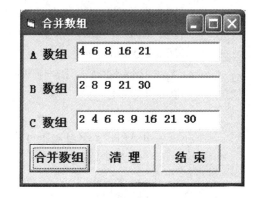

图 9-14 "合并数组"程序运行界面

```
    Dim A(5) As Integer, B(5) As Integer
    Dim C( ) As Integer, I As Integer, Q As Integer
    Call Read(A, Text1)                         '对象作为实在参数
    Call Read(B, Text2)
    Call Combine(A, B, C)
    For I = 1 To UBound(C)
        Text3 = Text3 & C(I) & " "
    Next I
End Sub

Private Sub Read(K( ) As Integer, Text As Object)    '形式参数 Text 的类型是对象
    Dim L As Integer, I As Integer, S As String
    Dim P As Integer
    S = Text
    L = UBound(K)
    For I = 1 To L
        P = InStr(S, " ")
        If P <> 0 Then
            K(I) = Val(Mid(S, 1, P − 1))
            S = _____
        Else
            K(I) = Mid(S, 1)
        End If
    Next I
End Sub

Private Sub Combine(A( ) As Integer, B( ) As Integer, C( ) As Integer)
    Dim P As Integer, Q As Integer, R As Integer
    Dim K As Integer, Ap As Integer, Bp As Integer
    Dim T As Integer
    Ap = UBound(A) : Bp = UBound(B)
    P = 1 : Q = 1
    Do While _____
        If A(P) < B(Q) Then
            T = A(P)
            P = P + 1
        ElseIf _____ Then
            T = B(Q)
            Q = Q + 1
```

```
                Else
                    T = A(P)
                    P = P + 1
                    _____
                End If
                _____
                ReDim Preserve C(R)
                C(R) = T
        Loop
        If _____ Then
                For K = Q To Bp
                    R = R + 1
                    ReDim Preserve C(R)
                    C(R) = B(K)
                Next
        Else
                For K = P To Ap
                    R = R + 1
                    ReDim Preserve C(R)
                    _____
                Next
        End If
End Sub


Private Sub CmdClear_Click()
        Text1 = ""
        Text2 = ""
        Text3 = ""
End Sub


Private Sub CmdExit_Click()
        End
End Sub
```

3. 运行工程并保存文件
运行程序,观察程序运行情况,最后保存文件。

实验 10　递归调用与变量作用域

目的和要求

- 明确递归过程的编制特点,掌握通用过程的递归调用方法。
- 进一步掌握实参和形参按"值"传递和按"地址"传递的不同用法。
- 进一步明确过程级、窗体级和模块级变量的作用域和特点,能够根据具体情况使用全局、模块和局部变量。
- 进一步掌握 Sub 函数调用时的两种方式。

10.1　递归与变量作用域

1. 递归

递归调用是一种常用的程序设计方法。递归分为两种:直接递归(调用本身)和间接递归(通过调用其他过程再调用本身)。编写递归调用过程时,一定要确定边界条件,否则会无限制地调用下去。

2. 变量的作用域

VB 中的变量作用域可分为多种情况。其中:

- 全局变量:在窗体或模块的通用部分用 Public 申明的变量。
- 模块级变量:在窗体或模块的通用部分用 Dim 或 Private 声明的变量。
- 局部变量:在过程中用 Dim 或 Static 申明的变量。

注意:(1)在过程中不能用 Public 声明全局变量。

(2)当全局变量(或模块级变量)与局部变量同名时,在局部变量作用域内,局部变量有效,全局变量(或模块级变量)被隐藏。

10.2　实验内容

实验　10-1

【题目】求 0~10 之间的任意一个数的阶乘。

【分析】因为 n!=n*(n-1)!,且 0 和 1 的阶乘为 1,这样递归公式和边界条件就找到了。选择 1~10 之间的任意一个数,虽然可以通过键盘输入,但我们用垂直滚动条来选择效果会更好(在固定数据范围内选取任意值可以用滚动条实现)。

【实验步骤】
1. 界面设计

在窗体上放置一个垂直滚动条 VScrollBar、两个文本框、一个命令按钮、六个标签框,具体布局如图 10-1 所示。

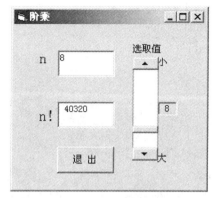

图 10-1 求阶乘窗体界面

2. 属性设置

控件名称	属性名称	属性值
窗体 1	Caption	阶乘
垂直滚动条 1	Min	1
	Max	10
标签框 1	Caption	n
	Font	四号
标签框 2	Caption	n!
	Font	四号
标签框 3	Caption	小
标签框 4	Name	lblScrollValue
	Caption	1
	BorderStyle	1
标签框 5	Caption	大
标签框 6	Caption	选取值
文本框 1	Name	txtN
	Text	空
文本框 2	Name	txtF
	Text	空
命令按钮 1	Name	cmdExit
	Caption	退出

3. 完善程序代码

```
Private Sub cmdExit _Click( )
```

```
        Unload Me
    End Sub

    Private Sub VScroll1_Change()
        Dim n As Integer, f As Long
        txtN.Text = VScroll1.Value          '获取选定值
        n = Val(txtN.Text)
        f = fact(n)
        txtF.Text = Str(f)
    End Sub

    Private Function fact(a As Integer) As Long
        If _____ Then
            fact = 1
        Else
            fact = _____
        End If
    End Function

    Private Sub VScroll1_Scroll()
        lblScrollValue = VScroll1.Value     '显示滚动条变换时的值
    End Sub
```

4. 运行工程并保存文件

运行程序,观察程序运行结果,最后保存文件。

5. 思考

VScroll1_Change()与 VScroll1_Scroll()事件有何不同?

实验 10-2

【题目】 求数列前 n 项之和。数列的通项公式为

$$f_n = \begin{cases} 0 & n=1 \\ 1 & n=2 \\ 2f_{n-1} - f_{n-2} & n>2 \end{cases}$$

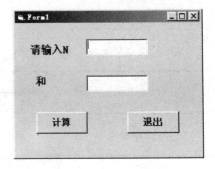

【分析】 这是一个典型的递归问题,即要求数列中的某一项,必须先求得前两项。递归的终止条件就是 n = 1 或 n = 2。

【实验步骤】

1. 窗体设计

在窗体上放置两个 Label 控件、两个 TextBox 控件和两个 CommandButton 控件,如图 10-2 所示。

图 10-2 数列求和界面

2. 属性设置

控件名称	属性名称	属性值
标签框 1	Name	lblN
	Caption	请输入 N
标签框 2	Name	lblS
	Caption	和
文本框 1	Name	txtN
	Text	空
文本框 2	Name	txtS
	Text	空
命令按钮 1	Name	cmdCalculate
	Caption	计算
命令按钮 2	Name	cmdExit
	Caption	退出

3. 完善程序代码

```
Option Explicit

Private Sub cmdCalculate_Click()
    Dim n As Integer, i As Integer
    Dim s As Long
    n = Val(txtN.Text)
    For i = 1 To n
        s = s + f(i)
    Next i
    txtS.Text = Str(s)
End Sub

Private Sub cmdExit_Click()
    End
End Sub

Private Function f(n As Integer) As Long
    _____          '填入一段程序代码
End Function
```

4. 运行工程,保存文件

运行程序,观察程序运行结果,最后保存文件。

实验 10-3

【题目】 编写一个求斐波拉契数列的递归过程,并将其前六项显示在文本框中。斐波拉契数列的通项公式如下:

$$\text{Fib}(n) = \begin{cases} 1 & n = 1, 2 \\ \text{Fib}(n-2) + \text{Fib}(n-1) & n \geq 3 \end{cases}$$

【实验步骤】 首先自行设计一个适当的程序窗体界面。界面上应包含一个文本框控件对象,用于输出题目要求的斐波拉契数列的前六项。

可参考实验 10-2 编写本程序的代码,运行测试并保存。

实验 10-4

【题目】 设计一应用程序,对输入数据的分子和分母进行约分。

【分析】 运用递归算法求出分子和分母的最大公约数(参照实验 9-4 中的辗转相除法求最大公约数的过程),然后分子和分母分别除以最大公约数,即可得到结果。

【实验步骤】
1. 界面设计

分别在窗体上放置两个 Label 控件、四个 TextBox 控件、三个 CommandButton 控件,用 Line 控件画上分数线和等号,具体布局如图 10-3 所示。

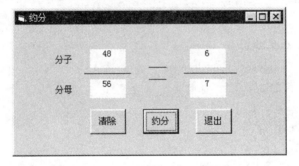

图 10-3 "约分"程序运行界面

2. 属性设置

控件名称	属性名称	属性值
窗体 1	Caption	约分
标签 1	Caption	分子
标签 2	Caption	分母
文本框 1	Alignment	2
	Appearance	0
	BorderStyle	0
	Text	空

续表

控件名称	属性名称	属性值
文本框 2	Alignment	2
	Appearance	0
	BorderStyle	0
	Text	空
文本框 3	Alignment	2
	Appearance	0
	BorderStyle	0
	Text	空
文本框 4	Alignment	2
	Appearance	0
	BorderStyle	0
	Text	空
命令按钮 1	Caption	约分
命令按钮 2	Caption	清除
命令按钮 3	Caption	退出

3. 完善程序代码

```
Option Explicit
Dim den As Integer, num As Integer         '说明窗体级变量

Private Sub Text1_Change( )
    den = Val(Text1.Text)                   '分子赋给变量 den
End Sub

Private Sub Text2_Change( )
    num = Val(Text2.Text)                   '分母赋给变量 num
End Sub

Private Sub Command1_Click( )
    lowterm num, den                        '命令格式调用 Sub(约分)过程
    Text3.Text = CStr(den)
    Text4.Text = CStr(num)
End Sub
```

```
'对分子、分母约分的子程序过程
Sub lowterm(x As Integer, y As Integer)        '参数按"地址"传递
    Dim gcdvalue As Integer
    gcdvalue = gcd(x, y)                        '调用求最大公约数函数过程,嵌套调用
    If gcdvalue > 1 Then
        x = x/gcdvalue                          '约分
        y = y/gcdvalue
    End If
End Sub


'求最大公约数的递归过程
Private Function gcd(ByVal a1 As Integer, ByVal b1 As Integer)
                                                '递归求最大公约数
    Dim remainder As Integer
    remainder = a1 Mod b1
    If _____ Then
        Gcd = b1
    Else
        a1 = b1
        b1 = remainder
        gcd = _____
    End If
End Function

Private Sub Command2_Click()
    _____                                    '填写一段代码实现"清除"按钮功能
End Sub

Private Sub Command3_Click()
    Unload Me
End Sub
```

4. 运行工程并保存文件

运行程序,观察程序运行结果,最后保存文件。

5. 添加功能

如果约分后是假分数(分子大于分母),试修改程序,将结果转换为代分数。修改后的程序另行保存。

实验 10-5

【题目】 利用递归函数,编写一个将十进制整数转换成二、八、十六进制数的程序。

【要求】

● 在文本框 Text1 中输入一个十进制数后,选择要转换的数制,并在标签 Label2 的标题中显示所选中的数制,如图 10-4 所示。

● 单击"数制转换"按钮,调用递归函数 Transform,将十进制数转换成所选的进制数。

● 单击"清理"按钮,将两个文本框清空,将焦点设置在文本框 Text1 中,并将所有单选按钮的 Value 属性值设置为 False。

图 10-4 "数制转换"程序运行界面

【分析】 数制转换采用除 K(要转换的数制)取余法,如果余数 R>10,则用 Chr(55+R)将对应余数转换成大写的英文字母(A、B、C、D、E、F)。

假设需要转换的十进制数是 N,当 N<>0 时,就用赋值语句 R = N Mod K 取余数,并用 N \ K 作为实参递归调用函数,直到 N=0 时结束调用。

【实验步骤】 可参照图 10-4 设计程序的窗体界面,并为各个对象设置适当的属性。

以下是用于数制转换的递归函数,请思考它的工作机理。请自行完成其余的程序代码,运行程序,验证这个数制转换函数的正确性。

```
Private Function Transform( N As Integer, K As Integer) As String
    Dim R As Integer
    If N <> 0 Then
        R = N Mod K
        If R < 10 Then
            Transform = Transform( N\K, K) & R
        Else
            Transform = Transform( N\K, K) & Chr(55 + R)
        End If
    End If
End Function
```

实验 10-6

【题目】 编写程序,随机生成一个 m 行 n 列的由两位整数组成的数组(m 与 n 用 InputBox 函数输入),再求出可标记出该数组每个元素是大于(用字母"L"表示)、小于(用字母"S"表示)或等于(用字母"E"表示)数组所有元素的平均值信息的所谓"标记数组"。

【要求】 图 10-5 是本程序的参考窗体界面。要求运行程序,单击"生成数组"按钮,则生成符合题目要求的数组并按相应的格式输出到一个图片框控件;单击"运行"按钮,则调用求二维数组元素平均值的过程,获得原数组的平均值,再得到该数组的标记数组并输出到一个多行文本框中;单击

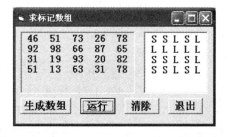

图 10-5 "求标记数组"程序运行界面

"清除"按钮,清除图片框与文本框;单击"退出"按钮,结束程序运行。

【分析】 由于多个过程都要用到存放原始数据的数组,所以该数组应说明为窗体(模块)级,相应的存放数组各维下标上界的变量 m 与 n 也应一并说明为窗体级变量(在代码的通用部分说明)。

程序中可设计一个用于计算二维数组元素的平均值的函数过程,在"运行"按钮的事件过程中通过调用该过程获得数组元素的平均值,并进而得到所谓的"标记数组"。

【实验步骤】 首先参照图 10-5 设计本程序的窗体界面。界面由一个图片框控件、一个多行文本框控件及四个命令按钮对象组成。请为各个对象设置适当的属性。特别注意,要将文本框对象的 MultiLine 属性设置为 True。

以下是本程序不完整的代码,请完善它。代码中请特别注意需要对动态数组用 ReDim 语句进行定维,以及采用图片框与多行文本框输出多行数据的不同实现方法。

```
Option Explicit
Option Base 1
Dim a( ) As Integer, m As Integer, n As Integer
Private Sub Command1_Click( )
    Dim i As Integer, j As Integer
    m = InputBox("输入行数:", "求标记数组", 4)
    n = InputBox("输入列数:", "求标记数组", 5)
    Randomize
    _____
    For i = 1 To m
        For j = 1 To n
            a(i, j) = _____
            Picture1.Print _____
        Next j
        _____
    Next i
End Sub

Private Sub Command2_Click( )
    Dim aav As Integer, i As Integer, j As Integer
    Dim marker( ) As String * 1, st As String
    _____
    aav = _____
    For i = 1 To m
        For j = 1 To n
            If _____ Then
                marker(i, j) = _____
            ElseIf _____ Then
```

```
                    marker(i, j) = "S"
                Else
                    marker(i, j) = _____
                End If
                st = _____
            Next j
            st = st & _____
        Next i
        Text1 = _____
    End Sub

    Private Function av_array(a( ) As Integer) As Integer
        Dim sum As Integer, i As Integer, j As Integer
        For i = 1 To _____
            For j = 1 To _____
                sum = sum + a(i, j)
            Next j
        Next i
        av_array = _____
    End Function


    Private Sub Command3_Click( )
        _____
        _____
    End Sub


    Private Sub Command4_Click( )
        _____
    End Sub
```

【思考】 如果在过程中对数组 a 与变量 m 和 n 重复进行说明,再运行程序,会出现什么问题?

实验 10-7

【题目】 利用通用过程编写程序,求一个二维数组的所有"凸点"。所谓"凸点",是指在本行内为最大、在本列内也为最大的数组元素。一个二维数组也可能没有"凸点"。

【要求】 求"凸点"的数组可采用随机函数自动生成(设数据范围为 20~80)。图 10-6 是程序的参考运行界面。各个对象的种类和功能与实验 10-6 基本相同。

【分析】 本程序的关键是需要编写一个可求出二维数组(矩阵)凸点的通用函数过程。为简便起见,可对数组逐行处理,即通用过程仅用于查找数组第 k 行有无"凸点"(k 作为形参)。查找的算法并不复杂,只要先找出本行中的最大元素及其列号,再判断该元素是否在该列中也为最大,若是,则返回找到的信息(通过函数名返回一个 True)及凸点的列号即可。

【实验步骤】 首先参照图 10-6 设计程序的窗体界面,并为各个对象设置适当的属性。注意界面中使用的是多行文本框。

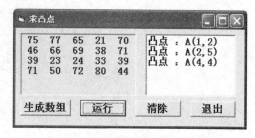

图 10-6 "求凸点"程序运行界面

以下是查找凸点的函数过程与"运行"按钮的事件过程的不完整程序代码,请完善它。"生成数组"、"清除"及"退出"命令按钮的事件过程,可参考实验 10-6 自行完成。

```
Private Sub Command2_Click( )
    Dim I As Integer, c As Integer
    For I = 1 To m
        If _____ Then
            Text1 = Text1 & "凸点 :" & "A(" & I & "," & c & ")" & vbCrLf
        End If
    Next I
    If _____ Then Text1 = "矩阵没有凸点"
End Sub


Private Function Look_For(A( ) As Integer, K As Integer, Cl As Integer) As Boolean
    Dim _____
    Dim _____
    m = _____ : L = 1
    For J = 2 To _____              '找行中最大元素
        If _____ Then
            m = _____
            L = _____
        End If
    Next J
    For I = 1 To _____               '验证该元素是否是列中最大元素
        If A(I, L) > m Then _____
    Next I
    If I > UBound(A, 1) Then
        _____
        _____
    End If
End Function
```

请运行并测试完善后的完整程序,最后保存文件。

实验 10-8

【题目】 利用随机函数 Rnd( )生成 25 个两位正整数,分别赋给一个 5×5 数组的每个元素,然后找出数组的最大元素及其位置,并按 A(n1,n2)=M 形式输出。

【要求】 自定义一个在二维数组中查找最大元素及其位置的通用过程,通过对过程的调用实现。

【实验步骤】 请按照题目要求自行设计一个适当的程序界面,并完成全部程序代码的编写。运行并测试程序后保存。

实验 10-9

设计性实验(5)

【题目】 为实验 5-4 中运动会软件增加"运动员登录"、"成绩录入"和"成绩统计"功能。

【要求】

- 通过"校运会"菜单中提供的功能完成各项操作。
- 添加"成绩统计"窗体和一个标准模块。
- 已知男运动员铅球的成绩如下表所示,请排列出他们的名次(成绩由键盘输入,成绩相同的名次相同)。

编号	101	102	103	104	105
成绩	12	11.5	12	14	10.8

【分析】 由于窗体较多,全局数组需要在模块中定义,一些与界面无关的公用过程也可以写在模块中,以便各个窗体使用。

本题的解决难点在于用不同的数组记录运动员的编号并对成绩数组的成绩进行排序。由于各项目运动员的数量是不同的,所以需要使用多个动态数组。在排序时是对两行多列数组(列数随运动员数量改变)进行排序,这与平时的习惯不同。

可以定义一个二维数组 cj( ) As Single,其中第一行存放运动员的编号,第二行存放成绩。用每一列的第二个数据进行比较,交换时不仅成绩换到前面一列去,编号也要跟着换到前一列去,这样运动员的编号才能跟着成绩"跑"。

在输出名次时也要注意成绩相同名次相同的问题,在这里名次并非简单地和一维下标一致。所以应该定义两个变量 p 和 j,j 表示名次,p 表示在一个名次上有几个人成绩相同。即如果有两个人并列第二名的话,p=2,j=2,下一个名次应为 j+p。

【实验步骤】

1. 窗体设计

(1) 将实验 5-4 中运动会软件打开,添加"成绩统计"窗体,名称为 frmStat;添加模块,如图 10-7 所示。

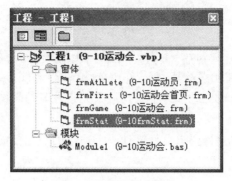

图 10-7 增加一个窗体

（2）设计"成绩统计"窗体，用来输出成绩的是列表框，参考图 10-8 中的"成绩统计"窗体。

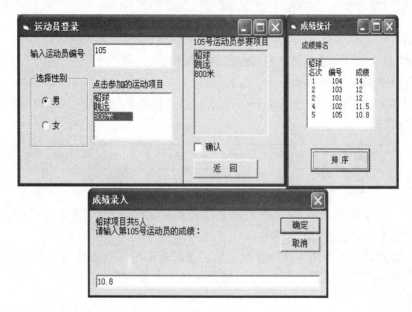

图 10-8 运行窗体和录入界面

2. 完善程序代码

（1）在标准模块中添加代码。

```
Option Explicit
Public qq( ) As Single        '记录参加铅球运动员编号，一维
Public ty( ) As Single        '记录参加跳远运动员编号，一维
Public r800( ) As Single      '记录参加800 m运动员编号，一维
Public tg( ) As Single        '记录参加跳高运动员编号，一维
Public bq( ) As Single        '记录参加标枪运动员编号，一维
Public r400( ) As Single      '记录参加400 m运动员编号，一维
Public cj( ) As Single        '记录运动员成绩编号，二维
```

```vb
Public Sub Inret(cqq( ) As Single, sn As String)        '键盘输入成绩子过程
    Dim n As Integer, j As Integer, pro As String
    n = UBound(cqq)
    ReDim cj(2, n)
    For j = 1 To n
        pro = sn & "项目共" & n & "人" & vbCrLf & "请输入第" & cqq(j) & _
            "号运动员的成绩:"
        cj(1, j) = cqq(j)                               '每行第1列为编号
        cj(2, j) = InputBox(pro, "成绩录入")            '每行第2列为成绩
    Next j
End Sub

Public Sub Sort(cj( ) As Single)                        '成绩排序子过程
    Dim n As Integer, j As Integer, i As Integer
    n = UBound(cj, 2)
    Dim temp As Single
    '每一列的第1行为编号,第2行为成绩
    For j = 1 To n - 1
        For i = j + 1 To n
            If cj(2, j) < cj(2, i) Then
                temp = cj(2, j)
                cj(2, j) = cj(2, i)
                cj(2, i) = temp
                _____
                _____
                _____
            End If
        Next i
    Next j
End Sub
```

(2) 在"运动员"窗体(frmAthlete)中增加代码。

```vb
Option Explicit
'说明用来记录各项运动人数的共用变量
Dim q As Integer, t As Integer, r8 As Integer
Dim g As Integer, b As Integer, r4 As Integer

Private Sub Form_Activate( )
    txtNo.SetFocus                                      '文本框聚焦
    Label3.Visible = False                              '列表框的说明标签不可见
```

End Sub

Private Sub txtNo_LostFocus( )
    Label3. Visible = True
    Label3. Caption = txtNo & "号运动员参赛项目"   '动态显示运动员编号
    picItem. Cls   '图片框清空
    Check1. Value = 0
End Sub

Private Sub lstItem_Click( )
    picItem. Print lstItem. Text   '将选中的列表项输出到右边的图片框中
    If optMale = True Then   '男选手项目
        Select Case lstItem. ListIndex
            Case 0
                q = q + 1   '记录参加铅球人数
                ReDim Preserve qq(q)
                qq(q) = txtNo   '记录参加铅球运动员号码
            Case 1
                t = t + 1
                ReDim Preserve ty(t)
                ty(t) = txtNo
            Case 2
                r8 = r8 + 1
                ReDim Preserve r800(r8)
                r800(r8) = txtNo
        End Select
    ElseIf optFemale = True Then   '女选手项目
        ……   '填写一段程序
    End If
End Sub

Private Sub Check1_Click( )
'确定复选框"√"后,等待下一个运动员登录
    If Check1. Value = 1 Then
        txtNo = ""
        picItem. Cls
        txtNo. SetFocus
    End If
End Sub

```vb
        Private Sub cmdReturn_Click()              '"返回"按钮
            Me.Hide
            frmGame.Show
        End Sub
```

(3) 在"校运会"(frmGame)窗体中增加代码。
```vb
        Option Explicit
        Public spname As String                    '传送运动项目名称的全局变量

        Private Sub Result_Click()       '单击"数据录入"–"成绩录入"菜单项
            Dim i As Integer
            spname = "铅球"
            Call Inret(qq, spname)       '录入成绩(添加类似的语句可以对其他项目操作)
        End Sub

        Private Sub Sort_Click()         '单击"成绩统计"–"成绩排序"菜单项
            frmStat.Show
        End Sub
```

(4) 在"成绩统计"(frmStat)窗体中添加代码。
```vb
        Option Explicit
        Private Sub cmdSort_Click()
            If UBound(cj) = 0 Then                 '若成绩数组为空,则不能排序
                MsgBox "请先录入运动员成绩", vbInformation, "提示信息"
                Me.Hide
                frmGame.Show
            End If
            Call Sort(cj)                          '调用模块中的排序过程
            Call output(cj, frmGame.spname)        '调用名次处理过程
        End Sub

        Public Sub output(cj() As Single, so As String)    '名次处理与输出子过程
            Dim p As Integer, j As Integer, h As Integer
            List1.AddItem so
            List1.AddItem "名次" & "  编号" & "    成绩"
            j = 1: p = 1
            List1.AddItem Str(j) + "    " + Str(cj(1, 1)) + "    " + Str(cj(2, 1))
            For h = 2 To UBound(cj, 2)
                If cj(2, h) = cj(2, h - 1) Then
                    p = p + 1                      '同成绩人数
                Else
```

　　　　　　　　_____
　　　　　　　　_____
　　　　　　End If
　　　　　　List1.AddItem Str(j) + "" + Str(cj(1, h)) + "" + Str(cj(2, h))
　　　　Next h
　　End Sub

3. 运行工程

操作过程：用正确的"用户密码"登录后，自动进入"校运会"界面，然后进行下列操作：

（1）通过"校运会"界面的"数据录入"→"运动员登录"菜单项转到"运动员"窗体。

（2）输入运动员"编号"，选择"性别"，在列表框中单击参加的项目，核对编号与图片框中的项目后在复选框中打"√"（只有打"√"才能记录运动员的信息），输入下一个运动员的信息。输完后单击"返回"按钮，转到"校运会"界面。

（3）通过"校运会"界面的"数据录入"→"成绩录入"菜单项弹出 InputBox，由键盘输入成绩。录入完毕自动回到"校运会"界面。

注意：现在只能录入男运动员的"铅球"成绩，其他的项目可以自己增加。

（4）通过"校运会"界面的"成绩统计"→"成绩排序"菜单项转到"成绩统计"窗体，进行排名。

（5）单击"成绩统计"窗体右上角的"关闭"按钮，回到"校运会"界面。单击"退出"菜单，结束工程。

4. 保存工程

对各个模块进行"另存为"或"保存"（新增加的模块）操作，名称请参考图 10-7。

注：请保存好本实验的窗体文件和工程文件，以便以后使用。

实验 11 文 件

目的和要求

- 学习并了解顺序文件、随机文件的特点和区别。
- 学习并掌握顺序文件的打开、关闭和数据的写入与读出的方法。
- 学习并掌握随机文件的写入与读出等的操作方法。
- 学习并了解常用文件函数。

实 验 内 容

实验 11-1

【题目】 编写 VB 程序,使用顺序文件建立一个通信录。

【要求】 通信录内容包含姓名、电话、QQ 号和 E-mail 地址。用户可通过窗口界面上的文本框输入相关信息,通过单击命令按钮打开文件、将数据添加到文件、清除文本框已处理内容,以备输入新的数据、结束程序运行。输入数据时,一个文本框数据输完按回车键,即可自动将焦点置于下一文本框,便于输入下一条数据。

【分析】 根据题目要求,文件应以 Append 方式打开。用于输入数据的文本框可构建为一个控件数组,过程中再说明一个数组,用于存储输入的数据,两个数组的下标要相对应。"打开文件"按钮与"添加"按钮之间,应建立互动机制,即单击"打开文件"按钮,打开通信录文件,将"添加记录"按钮设置成可用,而为防止重复打开文件,要将"打开文件"按钮设置成不可用。"通信录"的各项数据都是字符型,为了今后能方便地将数据读出,文件记录的各数据项之间应用逗号分隔。

【实验步骤】

1. 新建工程

单击"文件"菜单上的"新建工程"命令,创建一个新的应用程序。

2. 创建程序的窗口界面

参照图 11-1 自行创建实验程序窗体界面。窗体上包含 1 个有 4 个元素的 TextBox 控件数组、4 个 Label 控件、4 个 CommandButton 控件。窗体、TextBox 控件数组及 4 个 Label 控件的名称属性均使用缺省名,4 个 CommandButton 控件的名称属性分别设置为 CmdOpen、CmdAdd、CmdClear、CmdExit。窗体及各控件的其他相关属性可按图 11-1 进行设置。

图 11-1 "通信录"程序运行界面

3. 输入程序代码

按题目分析,在标有下划线的地方填入适当的内容后,再将完整的程序代码加入窗体的代码编辑器窗口。

```
Option Explicit

Private Sub CmdOpen_Click()
    _____                              '添加方式打开文件 d:\通信录.txt,文件号 15
    CmdAdd.Enabled = _____             '"打开文件"按钮设置成不可用
    CmdOpen.Enabled = _____            '"添加记录"按钮设置成可用
End Sub

Private Sub CmdAdd_Click()
    Dim rec(0 To 3) As String, i As Integer
    For i = 0 To 3
        rec(i) = Text1(i).Text
    Next i
    For i = 0 To 2
        _____                          '用 Print #语句写入数据,数据后添加逗号
    Next i
    Print #15, rec(3)
    MsgBox "数据已添加!", , "实验 11-1"
End Sub

Private Sub Text1_KeyPress(Index As Integer, KeyAscii As Integer)
    Dim k As Integer
    If KeyAscii = _____ Then           '如果按回车键,KeyAscii = 13
        k = Index + 1
```

```
            If k > _____ Then k = 0    '如果最后一个文本框输入结束
                Text1(k).SetFocus
            End If
        End Sub

        Private Sub CmdCont_Click()
            Dim i As Integer
            For i = 0 To 3
                _____                    '清空第 i 个控件数组元素
            Next i
            _____                        '焦点置于第 0 个控件数组元素
        End Sub

        Private Sub CmdExit_Click()
            _____                        '关闭文件
            End
        End Sub
```

4. 保存工程
将工程保存到实验 11-1 文件夹,工程文件名为"实验 11-1",窗体文件名为"F1"。

5. 运行程序
运行程序,在各个文本框中输入相关测试数据后,先单击"打开文件"按钮,观察运行状况;再单击"添加"按钮;单击"清理"按钮,清空文本框。重复上述操作,输入多个数据记录,观察程序运行效果。最后单击"结束"按钮,结束程序运行。

【思考】
(1) 使用 Windows 附件中的"记事本"程序,打开"通信录"文件,观察文件内容有没有实验中输入添加的数据。文件中数据排列的形式是什么?

(2) 将写入数据的 Print #语句改为 Write #语句,取消 Print #语句中添加的逗号,再运行程序,用同样方法查看文件内容。输入数据的形式与用 Print #语句输入的有何区别?

(3) 删除"结束"按钮 CmdExit 的 Click 事件过程的关闭文件语句,看看程序运行有无影响?为什么?

实验 11-2

【题目】 编写程序,查询实验 11-1 建立的"通信录"文件的内容。

【要求】 用户在姓名、电话、QQ 号和 E-mail 地址 4 个文本框中的任意一个中输入相关内容,单击"查询"按钮,即可从文件中找出与其相关联的其他信息。如输入姓名,即可给出该人的电话、QQ 号和 E-mail 地址。如果文件中没有该人的信息,则应输出"没有符合条件的记录"。

【分析】 为了确保能正确查找相关记录,每次查找前都要用 Seek 语句将文件"指针"定位到文件的第一个字符。为简便起见,实验程序的"查询",只接受在一个文本框中输入的查询条件。用于显示信息的文本框构建为控件数组,用于存储查询得到数据的数组应说明为模块级数组。

【实验步骤】

1．新建工程

单击"文件"菜单上的"新建工程"命令，创建一个新的应用程序。

2．创建程序的窗口界面

参照图 11-2 自行创建实验程序窗体界面。窗体上包含 1 个有 4 个元素的 TextBox 控件数组、4 个 Label 控件、4 个 CommandButton 控件。窗体、TextBox 控件数组及 4 个 Label 控件的名称属性均使用缺省名，4 个 CommandButton 控件的名称属性分别设置为 CmdOpen、Cmdquery、CmdClear、CmdExit。窗体及各控件的其他相关属性可按图 11-1 进行设置。

图 11-2 "通信录查询"程序运行界面

3．输入程序代码

按题目分析，在标有下划线的地方填入适当的内容后，再将完整的程序代码加入窗体的代码编辑器窗口。

```
Option Explicit
Dim rec(0 To 3) As String

Private Sub CmdOpen_Click( )
    Open _____            '顺序读方式打开文件 d:\通信录.txt,文件号 15
    Cmdquery.Enabled = _____    '"条件查询"按钮设置成可用
    CmdOpen.Enabled = _____    '"打开文件"按钮设置成不可用
End Sub

Private Sub Cmdquery_Click( )      '条件查询
    Dim k As Integer, i As Integer, key As String
    Dim flg As Boolean
    _____                       '文件指针定位
    For i = 0 To 3                 '获取查询条件
        If Text1(i).Text <> "" Then
            key = Text1(i).Text
```

```
                k = i
                Exit For
            End If
        Next i
        If _____ Then           '如果没有输入,Key 应为空,循环正常结束
            MsgBox "请输入查询条件"
            Exit Sub
        End If
        Do While Not EOF(15)       '查找符合条件的记录
            For i = 0 To 3          '将一条记录的各数据项读入到数组元素中
                _____
            Next i
            If rec(k) = _____ Then   '如果等于查询内容
                For i = 0 To 3
                    Text1(i) = rec(i)
                Next i
                flg = True
                Exit Do
            End If
        Loop
        If _____ And Not flg Then   '如果文件指针到达文件末尾
            MsgBox "没有符合条件的记录"
        End If
End Sub

Private Sub CmdClear_Click( )
    Dim i As Integer
    For i = 0 To 3
        _____                    '清空第 i 个控件数组元素
    Next i
    _____                        '焦点置于第 0 个控件数组元素
End Sub

Private Sub CmdExit_Click( )
    _____                        '关闭文件
    End
End Sub
```

4. 保存工程

将工程保存到实验 11-2 文件夹,工程文件名为"实验 11-2",窗体文件名为"F1"。

5. 运行程序

在任意一个文本框内输入相关信息,单击"打开文件"按钮,观察程序运行状况,再单击"条件查询"按钮,观察结果是否正确;单击"清理"按钮,清空文本框。重复上述操作,观察程序运行效果。最后单击"结束"按钮,结束程序运行。

【思考】

(1)查询时,如果错把查询姓名输在电话文本框中,试问程序能否正常运行并得到结果?

(2)简述"条件查询"按钮 Cmdquery 的 Click 事件过程中 Dim 语句说明的几个变量的作用及意义。

实验 11-3

【题目】 编写一个程序,从实验 11-1 建立的"通信录.txt"文件中,删除某人的记录。

【要求】 用户可在程序窗口的"姓名"文本框中输入要删除人的姓名,程序即可从文件中找出该人的完整数据记录显示在各个文本框中,并给出一个信息框(MsgBox)要求用户对是否删除该人记录做出应答。如果文件中未找到该人记录,应给出"文件中没有该记录"信息。

【分析】 删除顺序文件中的某条记录的方法是:①打开"通信录.txt"文件,并再以"Output"方式打开一个临时文件;②将"通信录.txt"文件中所有不删除的记录一条一条复制到临时文件中;③复制完"通信录.txt"文件中的所有记录后,关闭所打开的两个文件;④如果已从"通信录.txt"中删除了指定的记录,则用 Kill 语句删除"通信录.txt"文件,并用 Name 语句将临时文件改名为"通信录.txt"即可。

【实验步骤】

1. 新建工程

单击"文件"菜单上的"新建工程"命令,创建一个新的应用程序。

2. 创建程序的窗口界面

参照图 11-3 自行创建实验程序窗体界面。窗体上包含 1 个有 4 个元素的 TextBox 控件数组、4 个 Label 控件、3 个 CommandButton 控件。窗体、TextBox 控件数组及 4 个 Label 控件的名称属性均使用缺省名,3 个 CommandButton 控件的名称属性分别设置为 CmdDelet、CmdClear、CmdExit。窗体及各控件的其他相关属性可按图 11-3 进行设置。

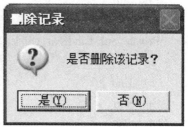

图 11-3 "删除记录"程序运行界面

3. 输入程序代码

按题目分析,在标有下划线的地方填入适当的内容后,再将完整的程序代码加入窗体的代码编辑器窗口。

```
Option Explicit

Private Sub Cmdelet_Click( )
    Dim i As Integer, key As String, flg As Boolean
    Dim anw As Integer, rec(0 To 3) As String, js As Integer
    Open "d:\通信录.txt" For Input As 15
    Open "d:\temp.txt" For Output As 10
    key = Text1(0).Text
    flg = False
    Do _____                    '当文件指针未到文件末尾
        For i = 0 To 3
            _____               '读文件
        Next i
        If key = rec(0) Then
            Call display(rec)
            anw = MsgBox("是否删除该记录?", 36, "删除记录")
            If anw = 7 Then         '不删除该记录
                _____            '调用写文件过程,将rec数组写入文件
            Else
                flg = True
            End If
        Else
            Call Write_file(rec, 10)
        End If
    Loop
    If Text1(1).Text = "" And Text1(2).Text = "" Then
        MsgBox "文件中没有该记录"
    End If
    Close #15, #10
    If flg Then
        _____                    '删除原文件
        Name "d:\temp.txt" As "d:\通信录.txt"
    End If
End Sub

Private Sub display(rec( ) As String)
```

```
        Dim i As Integer
        For i = 0 To 3
            Text1(i).Text = rec(i)
        Next i
    End Sub

    Private Sub Write_file(rec() As String, fno As Integer)
        Dim i As Integer
        For i = 0 To 2
            _____                    '写文件,数据后加逗号
        Next i
        Print #fno, rec(3)
    End Sub

    Private Sub CmdClear_Click()
        Dim i As Integer
        For i = 0 To 3
            _____                    '清空第 i 个控件数组元素
        Next i
        _____                        '焦点置于第 0 个控件数组元素
    End Sub

    Private Sub CmdExit_Click()
        _____                        '关闭文件
        End
    End Sub
```

4. 保存工程

将工程保存到实验 11-3 文件夹,工程文件名为"实验 11-3",窗体文件名为"F1"。

5. 运行程序

运行程序,在"姓名"文本框中输入要删除人的姓名后,单击"删除记录"按钮,观察程序运行状况;单击"清除"按钮,清空文本框。重复上述操作,观察程序运行效果。最后单击"结束"按钮,结束程序运行。

【思考】

(1) "删除记录"按钮 Cmdelet 的 Click 事件过程中,变量 flg 的作用是什么?如果程序运行过程中没有删除任何记录,是否应把临时文件删除?试修改程序实现这一功能。

(2) 本程序能否运行一次,删除多个数据记录?

实验 11-4

【题目】 编写一个把学生 Office 课程上机操作成绩写入记录文件的 VB 程序。

【要求】 每个学生的记录包含学号、姓名、Word、Excel、PowerPoint、Access、FrontPage、Total 等 8 项数据。用户可通过窗口界面上的文本框输入相关数据,通过单击命令按钮打开文件、将数据添加到文件、清除文本框已处理内容,以备输入新的数据、结束程序运行。每一科目成绩范围为 0~20 分,必须确定数据无误后,才能将其写入文件。

【分析】 为建立记录文件,需要在窗体通用说明部分或标准模块中定义一个包含 StudId、Name、Word、Excel、Ppt、Access、Fpg 和 Total 等 8 个数据项的自定义数据类型 Score。程序的窗体界面中,用于输入数据的文本框可构建为一个控件数组。在"打开文件"命令按钮的单击事件过程中,依次完成以下操作:打开随机文件"d:\学生成绩";计算文件的长度;计算记录数;将文件指针定位在最后一个记录的后面;将"打开文件"命令按钮的 Enabled 属性设为 False,防止由于误操作,在文件没关闭前再次打开文件;"添加记录"命令按钮的 Enabled 属性设为 True(允许操作)。在"清除"命令按钮的单击事件过程中将文本框控件数组清空。在"结束"命令按钮的单击事件过程中,关闭打开的文件,结束程序运行。

【实验步骤】

1. 新建工程

单击"文件"菜单上的"新建工程"命令,创建一个新的应用程序。

2. 创建程序的窗口界面

参照图 11-4 自行创建实验程序窗体界面。窗体上包含 1 个有 8 个元素的 TextBox 控件数组、8 个 Label 控件、4 个 CommandButton 控件。窗体、TextBox 控件数组及 8 个 Label 控件的名称属性均使用缺省名,4 个 CommandButton 控件的名称属性分别设置为 CmdOpen、CmdAdd、CmdClear、CmdExit。窗体及各控件的其他相关属性可按图 11-4 进行设置。

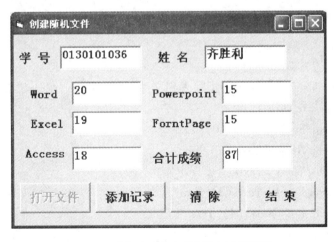

图 11-4 "创建随机文件"程序运行界面

3. 输入程序代码

按题目分析,在标有下划线的地方填入适当的内容后,再将完整的程序代码加入窗体的代码编辑器窗口。

Option Explicit

Private Type score

```
        StudId As String * 10
        Name As String * 8
        Word As Integer
        Excel As Integer
        Ppt As Integer
        Access As Integer
        Fpg As Integer
        Total As Integer
    End Type
    Dim chj As _____                    '说明 chj 数据类型为自定义数据类型 score

    Private Sub CmdAdd_Click()
        Dim i As Integer, sum As Integer, Anw As Integer
        For i = 0 To 6
            If _____ Then               '如果文本框数组元素缺少数据,给出提示信息
                MsgBox "缺少数据"
                Exit Sub
            Else
                If _____ Then           '如果是科目成绩(第2至第6个控件数组元素)
                    sum = _____         '累加求和
                End If
            End If
        Next i
        Text1(7).Text = _____
        Anw = MsgBox("输入数据写入到文件中?", 36)    '确认数据提示信息
        If Anw = 6 Then
            chj.StudId = Text1(0).Text
            chj.Name = Text1(1).Text
            chj.Word = Text1(2).Text
            chj.Excel = Text1(3).Text
            chj.Ppt = Text1(4).Text
            chj.Access = Text1(5).Text
            chj.Fpg = Text1(6).Text
            chj.Total = sum
            _____                       '给文件写入记录
        End If
        Call CmdClear_Click                '清除文本框
    End Sub
```

```
Private Sub CmdOpen_Click( )
    Dim fileLong As Integer, Recnum As Integer
    Open "d:\学生成绩" For Random As 12 Len = Len(chj)
    fileLong = LOF(12)
    Recnum =                        '计算添加记录的记录号
    If Recnum = 0 Then Recnum = 1
    _____                        '将文件指针定位在最后一条记录后面
    CmdOpen.Enabled = False
    CmdAdd.Enabled = True
End Sub

Private Sub CmdClear_Click( )
    Dim i As Integer
    For i = 0 To 7
        _____                    '清空第 i 个控件数组元素
    Next i
    _____                        '焦点置于第 0 个控件数组元素
End Sub

Private Sub CmdExit_Click( )
    _____                        '关闭文件
    End
End Sub
```

4. 保存工程

将工程保存到实验 11-4 文件夹,工程文件名为"实验 11-4",窗体文件名为"F1",如果在标准模块中定义自定义数据类型,则标准模块文件名为"M1"。

5. 运行程序

运行程序,在前面 7 个文本框中输入相关测试数据后,先单击"打开文件"按钮,再单击"添加记录"按钮,观察程序运行状况;重复上述操作,输入多个数据记录,观察程序运行效果。最后单击"结束"按钮,结束程序运行。

【思考】

本实验程序把输入的数据写入文件的哪个记录? 如果要把输入数据写入文件中部的某个记录,应当如何做? (提示:若写入记录号为 k,则先在文件末尾添加一个空白记录,再将文件的第 k 个记录到第 n−1 个记录依次后移一位,即第 n−1 个记录移至第 n 位,第 n−2 个记录移至第 n−1 位,依次类推,直到将第 k 个记录移至第 k+1 位,再把数据写入第 k 个记录)。试修改程序实现这一功能(k 值可通过 InputBox 函数输入)。

实验 11-5

【题目】 编写程序,从实验 11-4 创建的"学生成绩"文件中,按学号或姓名查询学生

Office 上机操作各个科目的成绩及总成绩。

【要求】 分别在两个窗口进行查询操作与结果显示。

【分析】 依据题目要求,创建 2 个窗体界面。窗体 1 用作控制界面,窗体 2 用作显示学生成绩的界面。窗体 1 中设置两个单选按钮,选择是按学号还是按姓名查询,查询条件在文本框中输入,设置 3 个命令按钮,分别用于执行打开文件操作、条件查询操作和结束程序。窗体 2 中设置一个文本框控件数组,用作显示查询结果。在"条件查询"命令按钮的单击事件过程中,依次完成以下操作:将文件指针设置到第一条记录,使得每次查询总是从第一条记录开始向后查找,查找时如果找到相应记录,则调用通用过程 Display。在通用过程 Display 中调用窗体 2 的 Show 方法,显示窗体 2,并在文本框控件数组的元素中分别显示查询结果。

【实验步骤】

1. 新建工程

单击"文件"菜单上的"新建工程"命令,创建一个新的应用程序。

2. 创建程序的窗口界面

参照图 11-5 依次创建本实验程序的 2 个窗体界面。先创建窗体 1,窗体上包含 2 个 OptionButton 控件、1 个 Label 控件、1 个 TextBox 控件、3 个 CommandButton 控件,窗体及各个控件需要设置的相关属性值如下表所示。再创建窗体 2,窗体上包含 1 个有 8 个元素的 TextBox 控件数组、8 个 Label 控件和 1 个 CommandButton 控件,窗体及各个控件的名称属性均使用缺省名,其他需要设置的相关属性值参照图 11-5 进行设置。

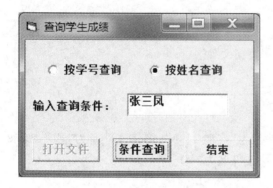 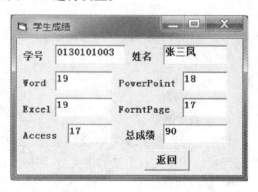

图 11-5 "查询学生成绩"程序运行界面

对象缺省名	属性名称	属性设置值
	Name(名称)	Form1
Form1	Caption	查询学生成绩
	Font	宋体、粗体、小五
Option1	Caption	按学号查询
	Value	True
Option2	Caption	按姓名查询
	Value	False
Label1	Caption	输入查询条件

续表

对象缺省名	属性名称	属性设置值
Text1	Text	（空白）
Command1	Name(名称)	CmdOpen
	Caption	打开文件
Command2	Name(名称)	Cmdquery
	Caption	条件查询
Command3	Name(名称)	CmdExit
	Caption	结束

3. 输入程序代码

按题目分析,在标有下划线的地方填入适当的内容后,再将完整的程序代码加入窗体1的代码编辑器窗口。

```
Option Explicit

Private Type score                    '说明自定义数据类型（记录类型）
    StudId As String * 10
    Name As String * 8
    Word As Integer
    Excel As Integer
    Ppt As Integer
    Access As Integer
    Fpg As Integer
    Total As Integer
End Type

Dim chj As _____                   '说明 chj 为自定义记录类型

Private Sub CmdOpen_Click()           '"打开文件"按钮
    Dim L As Integer
    L = Len(chj)
    Open _____                     '以随机方式打开 d:\学生成绩",文件号
                                      '12,记录长度 L
    Cmdquery.Enabled = True
    CmdOpen.Enabled = False
End Sub

Private Sub Cmdquery_Click()          '"条件查询"按钮
    Dim key As String, pname As String
    _____                          '文件指针定位在第1条记录上
```

```
            key = Text1.Text
            Do While Not EOF(12)
                Get _____                    '读取数据记录
                If Option1.Value Then
                    If _____ Then            '如果 key 等于学号数据项
                        Call Display(chj)
                        Exit Do
                    End If
                Else
                    pname = pn(chj.Name)        '调用函数处理 Name 数据项汉字外字符
                    If key = pname Then
                        Call Display(chj)
                        Exit Do
                    End If
                End If
            Loop
            If EOF(12) Then
                MsgBox "没有相应记录", 48, "条件查询"
                Text1.Text = ""
                Text1.SetFocus
            End If
        End Sub


        Private Sub Display(ch As score)        '在窗体2显示查询结果
            Form2.Show
            Form2.Text1(0).Text = chj.StudId
            Form2.Text1(1).Text = chj.Name
            Form2.Text1(2).Text = chj.Word
            Form2.Text1(3).Text = chj.Excel
            Form2.Text1(4).Text = chj.Ppt
            Form2.Text1(5).Text = chj.Access
            Form2.Text1(6).Text = chj.Fpg
            Form2.Text1(7).Text = chj.Total
        End Sub


        Private Sub Option1_Click()             '单击选择按钮,清空条件文本框,并设置为焦点
            If Text1.Text <> "" Then Text1.Text = ""
            Text1.SetFocus
        End Sub
```

```
Private Sub Option2_Click()            '单击选择按钮,清空条件文本框,并设置为焦点
    If Text1.Text <> "" Then Text1.Text = ""
    Text1.SetFocus
End Sub


Private Function pn(s As String) As String
    Dim k As Integer, i As Integer
    k = Len(s)
    For i = 1 To k
        If Asc(Mid(s, i, 1)) < 0 Then
            pn = pn & Mid(s, i, 1)
        End If
    Next i
End Function


Private Sub CmdExit_Click()
    End
End Sub
```

在窗体2的代码编辑器窗口加入以下代码:

```
Option Explicit


Private Sub CmdBack_Click()
    Form2.Hide
    Form1.Text1.Text = " "
End Sub
```

4. 保存工程

将工程保存到实验11-5文件夹,工程文件名为"实验11-5",窗体文件1名为"F1",窗体文件2名为"F2"。

5. 运行程序

运行程序,单击"打开文件"按钮,选择查询方式,在文本框中输入查询数据后,再单击"条件查询"按钮,观察程序运行状况。如果出现窗体2,观察输出结果是否正确后,单击"返回"按钮,关闭窗口,返回主控窗口。选择另一查询方式,在文本框中输入查询数据后,再单击"条件查询"按钮,观察输出结果。单击"结束"按钮,结束程序运行。(注意:必须在"工程"菜单的"工程属性"命令对话框中,将Form1设为启动窗体。)

【思考】

能否将实验11-1的窗体模块与本实验的窗体模块合并到一个工程中,构建一个具备数据输入(添加)、数据查询功能比较完备的应用程序?合并时应注意哪些问题?

实验 12　程序调试

目的和要求

- 掌握 VB 常用的程序调试方法。
- 利用调试窗口观察、跟踪变量中间结果。
- 学会编写出错处理程序。

12.1　程序设计中常见的错误类型

一般情况下在程序设计中会遇到三种错误:语法错误、运行错误和逻辑错误。

1. 语法错误

语法错误是指因违反了程序设计语言有关语句形式或使用规则而产生的错误。常见的语法错误有:语句格式错误、语句定义符拼错、内置常量名拼错、表达式括号不匹配、没有正确地使用标点符号、分支结构或循环结构语句的结构不完整或不匹配等。

VB 系统会自动检查程序代码中的语法错误。只要设置了自动语法检查,在一行代码输入完之后,一旦有错,系统会立刻将该行代码变成红色以示警告。当一行语句输完,光标离开时,关键字开头字母没有变成大写,那么这行语句就很可能有错;若在代码中引用对象,对其方法或属性进行设置,当键入对象名并敲了点号(如 Form1.)后,没有弹出属性或方法窗口,就有可能是犯了对象名拼写错误。

2. 运行错误

这类错误情况比较复杂,通常是因试图执行一个不可进行的操作而引起的。常见的有语法错误中的分支结构或循环结构语句的结构不完整或不匹配;使用一个不存在的对象或使用一个某些关键属性没有正确设置的对象;在程序运行过程中,数组下标越界、数据溢出等。

发生运行错误时,系统会立即终止程序的运行,进入所谓的"中断"状态,并出现一个消息框,说明出错的类型,并要求用户做出"结束"程序运行或进入"调试"的选择。

3. 逻辑错误

这类错误主要是由于算法设计不当引起的。尽管程序代码中不存在语法错误,程序也能顺利执行,但却得不到正确的结果,或者程序运行中陷入了所谓的"死循环",无法正常的终止。常见的逻辑错误有:初始化语句错误;循环控制条件设置不当;过程形参的传递方式使用不当;动态数组重新定维时,ReDim 语句使用错误;变量类型与作用域的设置错误等。

熟练地掌握各种基本算法,是避免此类错误的根本。找出错误一般需要对程序仔细检查。在出现"死循环"时,可以同时按下【Ctrl】+【Break】来强行终止程序的执行。

4. 减少错误的有效方法

书写程序规范化(缩进格式)是减少错误的有效方法,使用模块化结构设计代码可以较容易地判断出错误所在的范围。设置强制变量说明(Option Explicit)、添加适当的注释也能够降低错误查找的难度。因此,良好的编程习惯本身就可以减少错误发生的概率。

12.2 常用的 VB 程序调试方法

1. 利用中断状态观察变量值

(1)进入中断状态。在 VB 集成环境中,有三种工作状态(显示在标题栏中):设计、运行、中断。运行出错时,在弹出的对话框中,单击"调试"按钮,即可进入中断状态。运行时单击工具栏上的"中断"按钮(图12-1),可以使程序进入中断状态。在代码窗口中对可疑语句设置"断点",运行后也可进入中断状态。

图 12-1　中断按钮

(2)观察变量的中间结果。在中断状态下,将光标移到那些可疑的变量上,稍作停顿,变量的值就会出现。因此,利用中断状态,可以根据变量的中间值来判断程序的出错情况。

2. 运用"调试"菜单或"调试"工具栏

选中 VB 集成窗口上的"调试"菜单,或"调试"工具栏中的"逐语句"(或按快捷键【F8】)、"逐过程"按钮使程序逐句或逐段进行,以便观察中间结果。利用"立即"窗口、"本地"窗口和"监视"窗口,可以对变量和表达式以及对象的属性进行跟踪观察。

3. 出错处理

为了避免错误的操作导致程序无法运行,一般可以在程序中设置出错处理(错误陷阱)。

12.3 实 验 内 容

实验 12-1

【题目】　编写求级数和的应用程序,计算公式为 s = 2! + 4! + 6! + … + (2n)!。

【要求】　运行程序,在文本框中输入项数,单击"计算"按钮,在另一个文本框中显示结果。单击"清除"按钮后,清除两个文本框中的内容,光标聚焦在"输入项数"文本框中。单击"退出"按钮,结束应用程序的运行。

【分析】　一般利用循环求阶乘,求偶数阶乘之和则需要利用双重循环来实现。

【实验步骤】

1. 窗体设计

在窗体上放置三个 Label 控件、两个 TextBox 控件和三个 CommandButton 控件,具体布局如图12-2 所示。

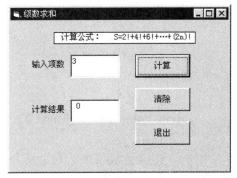

图 12-2　"级数求和"窗体布局

2. 属性设置

控件名称	属性名称	设置值
标签框1	Name	Formula
	Caption	计算公式：s = 2! + 4! + 6! + … + (2n)!
	Alignment	2
	Appearance	0
	BorderStyle	1
标签框2	Caption	输入项数
标签框3	Caption	计算结果
文本框1	Text	空
文本框2	Text	空
命令按钮1	Name	cmdCount
	Caption	计算
命令按钮2	Name	cmdClear
	Caption	清除
命令按钮3	Name	cmdExit
	Caption	退出

3. 输入以下带有错误的程序代码，进行调试

```
Private Sub cmdCount_Click()
    Dim fact As Double, sum As Double, n As Integer
    Dim i As Integer, j As Integer
    n = Val(Text1.Text)
    For i = 2 To 2 * n Step 2
        For j = 1 To i
            fact = fact * j
        Next j
        sum = sum + fact
    Next i
    Text2.Text = Str(sum)
End Sub


Private Sub cmdClear_Click()
    Text1.Text = ""
    Text2.Text = ""
    Text1.SetFocus
End Sub
```

```
Private Sub cmdExit_Click( )
    Unload Me
End Sub
```

运行时发现结果有错,结果总是0。在代码的两处设置断点(图12-3),观察到fact为0,可能是这一原因造成结果不正确。

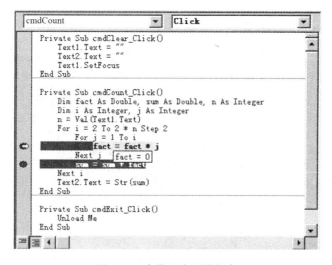

图12-3 在代码中设置断点

通过添加"监视"窗口观察四个表达式的值,从"立即"窗口(代码中加光带语句的变量值在"立即"窗口中显示)中看到循环执行时fact始终为0;在"本地"窗口中可以观察本过程中的变量,除了fact和sum的值不对外,其他变量值正常,参见图12-4。

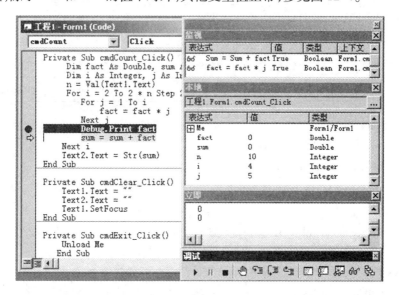

图12-4 添加"监视"窗口

通过一系列的调试,可以断定错误是由变量fact引起的。观察程序,发现fact的初值有问题,应该为1,而不是0。由于内循环的功能是求阶乘,所以应该在两个for语句之间添加一条语句:fact=1。再次调试并运行程序,结果正确。最后将断点和Debug语句删除,关闭"调试"窗口。

4. 保存文件

程序调试结束后,保存文件。

实验 12-2

【题目】 根据输入的三角形的三边长度a、b、c,求三角形面积。公式如下:

$$area = \sqrt{s(s-a)(s-b)(s-c)}$$

其中半周长 $s = (a+b+c)/2$。

【要求】 三边长度从键盘上输入。

【分析】 构成三角形的三边边长是有约束条件的,当不满足条件时,Sqr( )开方函数就会出现负数,此时就让程序转到出错处理,提示边长输入有错,并要求重新输入。

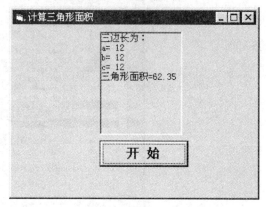

图 12-5 "计算三角形面积"程序运行界面

【实验步骤】

1. 窗体设计

在窗体上放置一个 Image 控件和一个 CommandButton 控件,具体布局如图 12-5 所示。

2. 属性设置

控件名称	属性名称	属性值
窗体1	Caption	计算三角形面积
图片框1	Name	pctOutput
命令按钮1	Name	cmdStart
	Caption	开始
	Font	小四、粗体

3. 输入程序代码

```
Private Sub cmdStart_Click( )
    Dim ErrMessage As String
    On Error GoTo ErrorHandler          '出错时转到 ErrorHandler 标号
    Dim a As Integer, b As Integer, c As Integer
    Dim s As Single, area As Single


Start:                                   '错误处理后返回标号
    pctOutput.Cls
    a = InputBox("a =", "输入第一个边长")
    b = InputBox("b =", "输入第二个边长")
```

```
        c = InputBox("c = ", "输入第三个边长")
        pctOutput. Print "三边长为:"
        pctOutput. Print "a = "; a
        pctOutput. Print "b = "; b
        pctOutput. Print "c = "; c
        s = (a + b + c)/2
        area = Sqr(s * (s - a) * (s - b) * (s - c))
        pctOutput. Print "三角形面积 ="; Format(area, "#.##")
                                                        '格式化输出结果保留2位小数
        Exit Sub

    ErrorHandler:                                       '出错处理
        ErrMessage = Err. Description & ",边长不匹配,请重输!"
                                                        '出错提示信息
        MsgBox ErrMessage, vbExclamation + vbOKOnly, "出错提示"
                                                        '显示出错提示信息
        Resume Start                                    '返回
    End Sub
```

4. 运行工程

在三个输入框中各输入 12(图 12-6),得到正确结果,如图 12-5 所示。

图 12-6　三边长输入框

当输入的三条边的边长不正确,如分别输入 1、1、3 时,Sqr( ) 函数出现负数;当单击了 InputBox 的"取消"按钮,没有数据时,以及其他一些错误产生时,会出现如图 12-7 所示的出错信息提示,只要单击"确定"按钮,就可以重新输入三条边长。

图 12-7　出错提示

5. 保存文件

保存窗体和工程文件。

实验 12-3

【题目】 调试程序。下面是一个有错误的程序,它的功能是把一个正整数序列重新排列,新序列的排列规则是:奇数放在序列左边,偶数放在序列右边。排列时,奇、偶数依次从序列两端向序列中间排放。例如,原序列是:83,74,25,27,62,53,46,2,11,7。重新排列后新序列是:83,25,27,53,11,7,2,46,62,74。"重排序"程序参考界面如图 12-8 所示。

请用所学的程序调试方法调试程序,找出错误并改正错误。

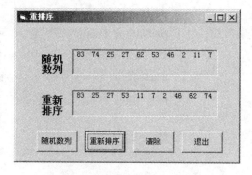

图 12-8 "重排序"程序运行界面

```
Option Explicit
Option Base 1

Private Sub Command1_Click( )
    Dim a(10) As Integer, I As Integer, J As Integer
    Dim b(10) As Integer, K As Integer
    For I = 1 To 10
        a(I) = Int(Rnd * 100) + 1
        Picture1.Print a(I);
    Next I
    Picture1.Print
    J = 1 : K = 5
    For I = 1 To 10
        If a(I) Mod 2 = 0 Then
            b(J) = a(I)
            J = J + 1
        Else
            b(K) = a(I)
            K = K + 1
        End If
    Next I
    For I = 1 To 10
        Picture2.Print b(I);
    Next I
    Picture2.Print
End Sub
```

【实验步骤】 略。

实验 12-4

【题目】 调试程序。下面是一个有错误的程序,程序的功能是将20个一位随机整数首尾相连,从每一个数开始求连续四个数的累加和,将20组累加和输出到列表框中,求出累加和中最大的一组并将之输出到文本框中。图12-9是程序正确运行的结果界面。

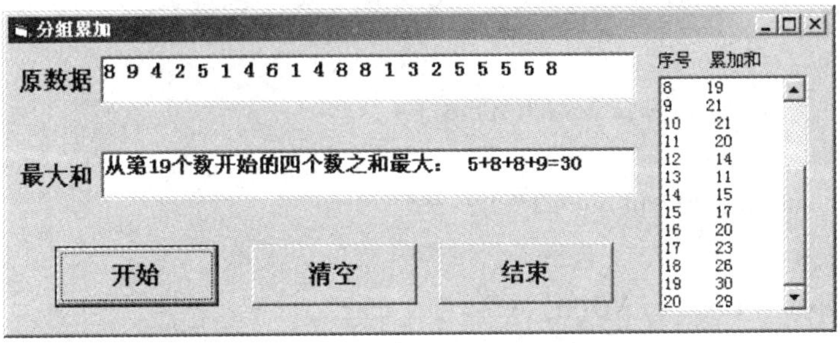

图12-9 "分组累加"程序运行界面

请用所学的程序调试方法调试程序,找出错误并改正错误。

```
Option Explicit
Option Base 1

Private Sub Command1_Click( )
    Dim NO(20) As Integer, TOT( ) As Integer
    Dim i As Integer, J As Integer, max As Integer
    Dim Idx As Integer, n As Integer, sum As Integer
    Randomize
    For i = 1 To 20
        NO(i) = Int(Rnd * 10) + 1
        Text1 = Text1 & NO(i) & " "
    Next i
    sum = 0
    For i = 1 To 20
        n = i
        For J = 0 To 3
            If n > 20 Then n = 1
            sum = sum + NO(n)
            n = n + 1
        Next
        ReDim Preserve TOT(Idx)
        Idx = Idx + 1
        TOT(Idx) = sum
        List1.AddItem i & "" & Str(sum)
```

```
        sum = 0
    Next i
    n = 0
    Call mmax(TOT, n, max)                    '调用求最大值的过程
    '输出结果
    Text2 = "从第" & n & "个数开始的四个数之和最大: "
    For i = 1 To 4
        Text2 = Text2 & NO(n) & "+"
        n = n + 1
        If n > 20 Then n = 1
    Next i
    Text2 = Text2 & NO(n) & "=" & max
End Sub


Private Sub mmax(m( ) As Integer, n As Integer, max As Integer)
    Dim i As Integer
    max = 0
    For i = 1 To 20
        If m(i) > max Then
            max = m(i)
            n = i + 1
        End If
    Next i
End Sub
```

【实验步骤】 略。

实验 13　图形处理

目的和要求

- 掌握 VB 提供的形状(Shape)控件和图像(Image)控件的使用方法。
- 掌握坐标和颜色的设置方法。
- 掌握常用的绘图方法。
- 能编制简单的动画程序。

实 验 内 容

实验 13-1

【题目】　绘制一个立体三角锥形。

【要求】　在图片框中绘制图形。

【分析】　锥形的画法:锥形是由很密的两组线条构成的。先确定锥形顶点坐标,然后沿锥形的中轴(从上往下)分别向两斜边方向画斜线,线条长度不断加大,给左右两边的线条设置不同的颜色,以显示图形的立体感。

图 13-1　三角锥体图形

【实验步骤】

1. 窗体设计

在窗体上放置一个 PictureBox 控件、一个 Label 控件和两个 CommandButton 控件,具体布局如图 13-1 所示。

2. 属性设置

控件名称	属性名称	属性值
窗体 1	Caption	立体图形
标签框 1	Caption	三角锥形
	Font	楷体、四号、粗斜体
	ForeColor	蓝色
	Visible	False
图片框 1	Name	pctDraw
命令按钮 1	Name	cmdDraw
	Caption	画图

控件名称	属性名称	属性值
命令按钮2	Name	cmdExit
	Caption	退出

3. 添加程序代码

```
Option Explicit

Private Sub cmdDraw_Click()
    Dim mTop As Integer, nTop As Integer, i As Integer
    pctDraw.DrawWidth = 1                          '线宽为1个像素
    pctDraw.DrawStyle = 0                          '实线
    pctDraw.BackColor = RGB(100, 0, 50)            '设置图片框背景色
    pctDraw.Cls                                    '图片框清屏
    mTop = 1400                                    '锥形顶点 x 坐标
    nTop = 500                                     '锥形顶点 y 坐标
    Label1.Visible = True                          '标签框出现
    For i = 1 To 1200                              '锥形由1200对线条构成
        pctDraw.Line (mTop, nTop + 2.5 * i)-(mTop + i/2, nTop + 2 * i), _
            RGB(200, 200, 200)
        pctDraw1.Line (mTop, nTop + 2.5 * i)-(mTop - i/2, nTop + 2 * i), _
            RGB(100, 100, 100)
    Next i
End Sub

Private Sub cmdExit_Click()
    Unload Me
End Sub

Private Sub Form_Load()
    Label1.Visible = False                         '程序开始时隐藏标签框
End Sub
```

4. 运行程序并保存文件

运行程序,观察程序运行结果,最后保存文件。

5. 修改代码

将循环次数减少为800,观察运行结果,并解释图形发生变化的原因。

实验 13-2

【题目】 在一张图中画出 y = Sin(x) 和 y = x 的图形。

【要求】 在图片框中画图,并画出 X、Y 坐标轴;给两坐标轴和两根画线分别作标记。

【分析】 首先需要对图片框设置坐标系,然后用画连线的方法绘制图形。注意:连线的起点坐标一定要单独设定,否则会出现意想不到的情况。

【实验步骤】

1. 窗体设计

在窗体上放置一个 PictureBox 控件和两个 CommandButton 控件,具体布局如图 13-2 所示。

2. 属性设置

请参考窗体界面和程序代码,自己设置各控件的属性值。

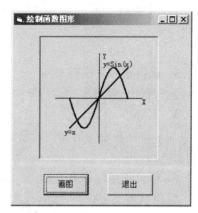

图 13-2 "绘制函数图形"窗体

3. 完善程序代码

```
Option Explicit

Private Sub cmdDraw_Click( )
    Dim i As Single, x As Single, y As Single
    Const PI = 3.14159
    pctSin.Cls
    pctSin.Scale (2 * PI, -2) - (-2 * PI, 2)        '设置坐标系
    pctSin.Line (1.5 * PI, 0) - (-1.5 * PI, 0)      '画 X 轴
    pctSin.Print "X"                                 '给 X 轴加标记
    pctSin.Line (0, 1.5) - (0, -1.5)                '画 Y 轴
    pctSin.Print " Y"                                '给 Y 轴加标记
    pctSin.CurrentX = -PI/6                          '移动 X 坐标
    pctSin.Print "y = Sin(x)"                        '给 Sin 曲线加标志
    pctSin.DrawWidth = 2                             '设线宽为 2 个像素
    pctSin.CurrentX = PI                             '设定 Sin(x) 曲线起始点处 X 坐标
    pctSin.CurrentY = 0                              '设定 Sin(x) 曲线起始点处 Y 坐标
    For i = PI To (-PI - 0.05) Step (-PI/180)
        _____
        y = Sin(x)
        pctSin.Line - (x, y)                         '画 Sin 曲线
    Next i
    pctSin.CurrentX = PI + 0.5                       '设定直线标志 X 坐标
    pctSin.CurrentY = 1                              '设定直线标志 Y 坐标
    pctSin.Print "y = x"                             '给直线加标志
    pctSin.Line _____                             '画直线
    pctSin.DrawWidth = 1                             '还原设线宽设置
End Sub
```

```
Private Sub cmdExit_Click()
    _____
End Sub
```

4. 运行程序并保存文件

运行程序,观察程序运行结果,最后保存文件。

5. 思考

如果将循环语句前面的两条设定 Sin(x) 曲线起始点坐标的语句删除,图形会发生变化吗?为什么?

6. 修改程序并另存文件

采用自定义坐标系,用画点的方法实现本题功能。最后另存文件。

实验 13-3

【题目】 编制一应用程序,在窗体上能够模拟电影字幕的效果,文字向上移动。

【要求】 单击"效果"按钮时,开始出现电影字幕效果;在文字移动的过程中"效果"按钮不可选,移动结束后"效果"按钮恢复可选状态。在字幕移动过程中用一"进度条"作标记,记录字幕移出的比例。

【分析】 把需要发生移动的字幕以多行方式用代码写在标签框的 Caption 属性中。将标签框的 Top 逐步向窗体 Y 坐标轴的负方向移动[因为(0,0)在窗体的左上角],即可得到电影字幕效果。将两个形状(Shape)控件组合起来使用来模拟进度条效果,运行时,两个控件开始发生重叠,其中一个填充颜色,并且宽度逐渐加大,直到与另一个完全重叠为止。动画字幕效果和进度条效果都要通过定时器(Timer)控件的触发来实现。

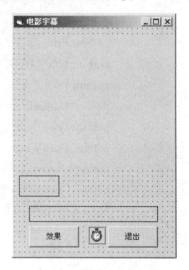

图 13-3 "电影字幕"窗体布局

【实验步骤】

1. 窗体设计

在窗体上放置一个 Label 控件、两个 CommandButton 控件和两个 Shape 控件,再放置一个 Timer 控件。具体窗体布局如图 13-3 所示。

2. 属性设置

请参照界面和程序代码,自己设置控件的属性。有些控件的属性在代码中已进行了设置。

3. 添加程序代码

```
Option Explicit
Dim step As Integer


Private Sub cmdEffect_Click()
```

```
        cmdEffect.Enabled = False          '字幕移动时禁止按下"效果"按钮
        Timer1.Enabled = True               '开启定时器
End Sub

Private Sub cmdExit_Click( )
        End
End Sub

Private Sub Form_Load( )
        step = 30                           '字幕一次移出30缇
        Label1.AutoSize = True
        Label1.Left = Form1.Width/2         '设定标签框在窗体中出现的位置
        Label1.Top = 20
        Label1.Caption = "用VB实现的电影字幕演示效果" + Chr$(13) _
            + "诂雅堂主治学记" + Chr$(13) _
            + "诂雅先生幼承家学" + Chr$(13) _
            + "壮岁奔走革命" + Chr$(13) _
            + "舟车戎马之际" + Chr$(13) _
            + "未尝一日废书" + Chr$(13) _
            + "今寿齐七秩" + Chr$(13) _
            + "尤伏案操觚" + Chr$(13) _
            + "著述愈勤" + Chr$(13) _
            + "五十年来" + Chr$(13) _
            + "读毛诗、尔雅、方言" + Chr$(13) _
            + "凡数十百过" + Chr$(13) _
            + "成书百余万言" + Chr$(13) _
            + "先后易稿三四通" + Chr$(13) _
            + "今殷殷尚未已也" + Chr$(13) _
            + "君子之学然而日章" + Chr$(13)
        '定义进度条1为蓝色并填充
        Shape1.BorderColor = RGB(0, 0, 150)   '定义进度条1的颜色为蓝色
        Shape1.FillColor = Shape1.BorderColor
        Shape1.FillStyle = 0                  '0 - solid 实心矩形
        '定义进度条1的大小
        Shape1.Height = Shape2.Height - 2
        Shape1.Top = Shape2.Top + 1
        Shape1.Left = Shape2.Left
        Shape1.Width = 1
        If step < 0 Then                       '步长step不能为负数
```

```
            step = - step
        End If
        If step = 0 Then                          '步长 step 也不能为零
            step = 30
        End If
        Timer1.Interval = step                    '确定定时器时间间隔
        Timer1.Enabled = False                    '禁止使用定时器
    End Sub

    Private Sub Timer1_Timer( )
        If Label1.Top + Label1.Height < step Then '进度条的取值不能 >100%
            Shape1.Width = Shape2.Width           '进度条达到 100%
            Label1.Top = - Label1.Height          '字幕完全移出
            Timer1.Enabled = False                '定时器禁止使用
            cmdEffect.Enabled = True              '"效果"按钮可使用
            Shape1.Width = 1                      '还原进度条 0%
        Else
            Label1.Top = Label1.Top - step
            '字幕的滚动,Label1.Top 为负数,即顶端移出屏幕,实现进度条宽度变化效果
            Shape1.Width = Shape2.Width * ( - Label1.Top/Label1.Height)
        End If
    End Sub
```

4. 运行程序并保存文件

单击"效果"按钮,观察效果,效果对比界面如图 13-4 所示,最后保存文件。

图 13-4 "电影字幕"效果对比界面

5．思考

Timer 控件起了什么作用？

实验 13-4

【题目】 利用图形控件,编写一个显示不断增大的方框的简单动画程序。
（提示：使用计时器控件,每隔一个时间段改变方框的位置与大小。）

【实验步骤】 略。

实验 13-5

【题目】 利用画线方法,编写一个绘制如图 13-5 所示直方图的程序。

【实验步骤】 略。

实验 13-6

【题目】 在同一坐标系中,用两种不同颜色同时绘出 [-360°, 360°] 的正弦曲线与余弦曲线。

【实验步骤】 略。

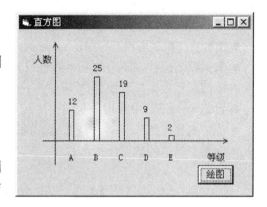

图 13-5 直方图

实验 13-7

【题目】 在同一坐标系中,用两种颜色同时绘出 $y_1 = e^x$ 与 $y_2 = \ln x$ 的函数曲线($0 < x \leq 2$)。

【实验步骤】 略。

实验 13-8

【题目】 在窗体上,绘制一个 9×9 黑白相间的棋盘。

【实验步骤】 略。

实验 14　数　据　库

目的和要求

- 理解数据库的结构和表的结构。
- 掌握在 VB 环境中建立 Access 数据库和在数据库中添加表的方法。
- 掌握数据控件(Data)的基本属性设置和使用方法。
- 掌握常用数据显示控件与 Data 控件的绑定方法。
- 熟悉 SQL 语言中常用语句的语法规则和使用方法。
- 了解直接运用 Access 创建数据库的方法。
- 能编制简单的数据库操作程序。

14.1　建立 Access 数据库

目前在数据库的应用开发中,一般使用前、后台分开的设计方法。前台用户界面用 VB 制作,后台数据库用 Access 实现。这样既可以提供友好的用户界面,又能方便数据库的管理,保证数据的安全。

在 VB 中建立 Access 数据库的方法和步骤请参见教材。下面简要介绍直接使用 Access 创建数据库的方法(这部分内容教材中没有介绍)。

1. 启动 Access 应用程序

启动 Access 应用程序的方法与启动 Office 中的其他应用程序的方法一样。启动后在第一个界面(图 14-1)中选取"空 Access 数据库",然后单击"确定"按钮,在弹出的"文件新建

图 14-1　在 Access 中建立数据库

数据库"对话框中,给数据库选择合适的路径和文件名,单击"创建"按钮,这样就建立了一个 Access 数据库(空的数据库),并进入 Access 集成开发环境窗口,如图 14-2 所示。

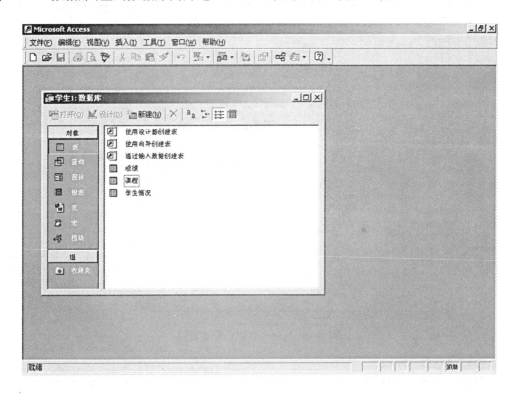

图 14-2　Access 集成开发环境窗口

2. 创建表

在 Access 数据库窗口"对象"中选择"表",单击数据库窗口工具栏上的"新建"按钮,在弹出的"新建表"对话框(图 14-3)中选择"设计视图",单击"确定"按钮。在 Access 表结构设计窗口(图 14-4)中对表中各个字段的名称、类型、大小等属性及约束效应进行设置,用工具栏上的"关键字"按钮 设置关键字,完成后关闭 Access 表结构设计窗口,定义表名。

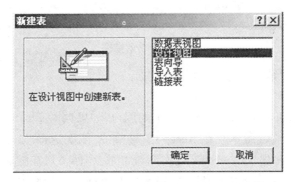

图 14-3　"新建表"对话框

165

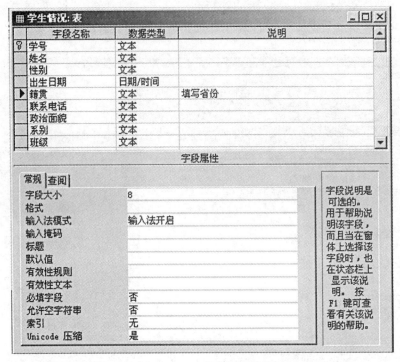

图 14-4　Access 表结构设计窗口

3. 添加数据

在 Access 数据库窗口中选择已建立的表,单击数据库窗口工具栏上的"打开"按钮,就可以在打开的表窗口(图 14-5)中录入数据。

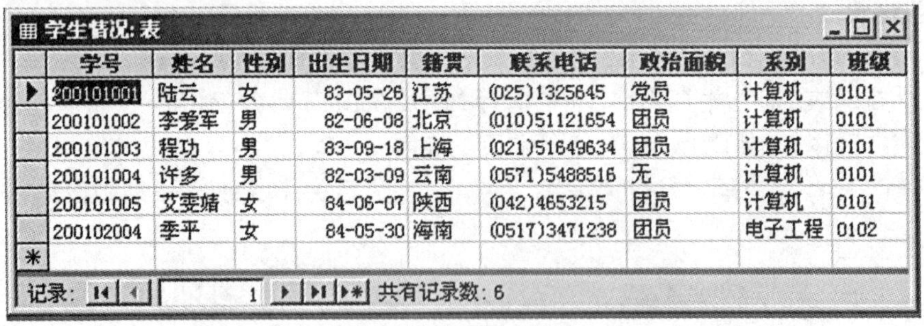

图 14-5　录入数据

用相同的方法可以建立其他表,并输入数据。

4. 转换数据库

对于使用 Office 2000 或 Office 2000 以上的用户,如果数据库要与 VB 中的 Data 控件联用,需要将数据库转换成低版本。在 Access 主菜单中,依次选择"工具"→"数据库实用工具"→"转换数据库"→"到早期 Access 数据库版本"(图 14-6),在随后弹出的对话框中,给低版本数据库另起一个文件名并保存。如果需要对数据库进行修改,可直接修改高版本的数据库,或将低版本的数据库转换成高版本的数据库后进行修改,最后再将其转换成低版本的数据库。

当使用 VB 中 ADO 等 ActiveX 数据控件时,Access 高版本的数据库不需要进行转换。

图 14-6　将 Access 数据库转换成低版本

其他有关 Access 的操作请查阅介绍 Access 的书籍。

14.2　Visual Basic Data(数据)控件的属性设置

1. Data 控件的属性设置

使用 Data 控件时要对其四个特殊属性进行设置,具体设置值如下表所示。

Data 属性名	Connect	DatabaseName	RecordSource	RecordsetType
Data 属性值	Access	关联的数据库	数据库中的表	1-Dynaset

通常 Data 控件 Connect 属性的缺省值为 Access,RecordsetType 属性的缺省值为 1-Dynaset,使用时根据具体情况可以设置成 0-Table 或 2-Snapshot。

2. 数据绑定控件的属性设置

数据绑定控件是指与 Data 控件配合,用来显示数据库中的具体数据项值的控件。VB 中能与 Data 控件绑定的基本控件有文本框、列表框、组合框、图片框、复选按钮、标签框等,这些控件通常需要设置两个属性,才能实现与 Data 控件的绑定,属性设置值如下表所示。

绑定控件属性名	DataSource	DataField
绑定控件属性值	Data1	表中的字段

有些常与 Data 配合使用的控件只需要设置 DataSource 属性即可,如栅格(MSFlexGrid)控件。

14.3　实　验　内　容

实验　14-1

【题目】　应用 VB 创建订书管理系统。

订书数据库中的两张表结构分别如下表所示(其中斜体字段为关键字段)。

定单(表)		出版社(表)	
定单编号	文本(6)	出版社代号	文本(4)
书　　名	文本(50)	出版社名称	文本(20)
出版社代号	文本(4)		
数　　量	数字(整型)		

表中部分数据如图 14-7 所示。

图 14-7　数据表窗口

【要求】

- 出版社代号的填写,由组合框中的列表项提供。
- 对定单数据库能够进行查询、添加和删除操作。
- 添加数据时,如订单编号有重复,请给出提示并要求重输。

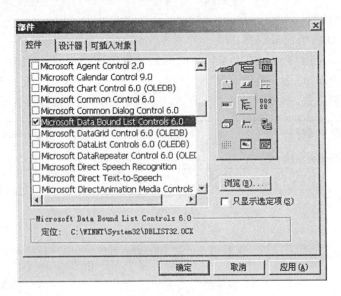

图 14-8　"部件"对话框

【分析】

- 建立一个 Access 数据库,在数据库中创建两张数据表并录入相关数据,设置各张表中的关键字。

● 在窗体上用两个 Data 控件分别与定单表和出版社表关联。

● 用来提供选择出版社代号的数据组合框（DBCombo）不是 VB 的基本控件，需要添加到工具箱中才能使用。添加方法是：单击"工程"菜单中的"部件"菜单项，在弹出的"部件"对话框中（图 14-8），选择"控件"选项卡，从中选择"Microsoft Data Bound List Controls 6.0"，单击"确定"按钮。在 VB 工具箱中就可以看到 DBCombo（数据组合框）控件的图标，如图 14-9 所示。

图 14-9　DBCombo 控件图标

【实验步骤】

1. 窗体设计

在窗体上放置两个 Data 控件、五个 Label 控件、四个 TextBox 控件、三个 CommandButton 控件和一个 DBCombo 控件，具体布局如图 14-10 所示，其中关联出版社表的 Data 控件被隐藏了。

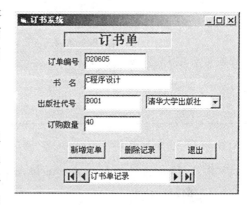

图 14-10　窗体布局

2. 属性设置

对　象	属 性 名 称	属 性 值
窗体1	Caption	订书系统
数据控件1（Data1）	Name	DatOrder
	Caption	订书单记录
	DatabaseName	F:\VB 实验教材\订书.mdb
	RecordSource	订单
数据控件2（Data2）	Name	DatPubID
	Caption	出版社
	DatabaseName	F:\VB 实验教材\订书.mdb
	RecordSource	出版社
文本框1	Name	txtOrderID
	Text	空
	DataSource	DatOrder
	DataField	订单编号
文本框2	Name	txtBookName
	Text	空
	DataSource	DatOrder
	DataField	书名
文本框3	Name	txtPubID
	Text	空
	DataSource	DatOrder
	DataField	出版社代号

169

续表

对　象	属 性 名 称	属 性 值
文本框 4	Name	txtOrdNum
	Text	空
	DataSource	DatOrder
	DataField	订购数量
数据组合框(DBCombo)控件	Name	DbcoPubID
	BoundColumn	出版社代号
	DataField	出版社代号
	DataSource	DatOrder
	ListField	出版社名称
	RowSource	DatPubID

标签框、命令按钮的属性设置略,请读者参考界面和代码自己设置。

说明：Data 控件的 DatabaseName 属性设置时以具体生成的订书数据库的路径为准。

3. 添加程序代码

```
Private Sub cmdAdd _ Click( )
    DatOrder. Recordset. AddNew          '添加记录
    txtOrderID. SetFocus
End Sub

Private Sub cmdDelete _ Click( )
    Dim y As String
    y = MsgBox("真的要删除当前记录吗?", vbYesNo + vbExclamation, "提示")
    If y = 6 Then
        DatOrder. Recordset. Delete        '删除当前记录
        DatOrder. Recordset. MoveFirst     '删除后显示第一条记录
    Else
        Exit Sub
    End If
End Sub

Private Sub cmdExit _ Click( )
    Unload Me
End Sub

Private Sub txtOrdNum _ KeyPress( KeyAscii As Integer)
    On Error GoTo err
    DatOrder. Recordset. MoveLast
    Exit Sub
```

err:
　　MsgBox err. Description & "订单编号不能重复!", vbInformation, "出错提示"
　　txtOrderID. SetFocus
End Sub

4. 运行程序

反复进行添加和删除操作,验证各功能。记录订单编号相同时的提示信息。仔细观察表示出版社编号的文本框和旁边的数据组合框中的出版社名称的联动效果。添加记录操作的界面如图 14-11 所示。

图 14-11　添加记录操作的界面

5. 保存文件

保存各个窗体和工程文件。

6. 思考

(1) 若删除操作中没有"DatOrder. Recordset. MoveFirst"语句,会出现怎样的效果呢?

(2) 将 Private Sub txtOrdNum _ KeyPress(KeyAscii As Integer)中的语句"DatOrder. Recordset. MoveLast"去掉,添加数据时会出现什么情况呢? 请分析原因。

(3) 表示"出版社代号"的文本框和旁边的数据组合框中的出版社名称为什么会出现联动效果呢?

实验　14-2

【题目】　结合教材中所建立的数据库 js. mdb 以及其中的两张数据表(教师表、课程表),设计一个简单的教师任课信息管理系统。系统具有以下功能:

● 增加数据功能。可以向教师表、课程表增加数据。

● 删除数据功能。可以按工号、工龄等删除教师表中的数据;或按课程编号删除课程表中的记录。

● 数据查询功能。能够查询教师情况、课程情况和教师任课情况等。

● 报表打印功能。能够将有关的查询数据制作成报表打印。

【实验步骤】　略。

实验 15 综合练习

【综合练习说明】

（1）综合练习题是按照现行江苏省普通高校计算机等级考试《二级 Visual Basic》的上机考试试卷样式制作的。每套试卷包含一个改错题、一个编程题。规定的完成时间为 70 分钟。

（2）改错题包含错误的程序代码，可由实验教师以电子文档形式发给学生，供学生复制到系统的"代码编辑器"窗口。学生仅需创建题目程序的窗体，即可对错误程序调试改错。改错题的修改要求是：可以修改或移动语句，但不得增添或删除语句。

（3）练习完成，应按要求保存练习题的工程文件与窗体文件。改错题的工程文件名为 P1、窗体文件名为 F1、编程题的工程文件名为 P2、窗体文件名为 F2。

（4）练习成绩评定：改错题占总分的 35%，编程题占 65%。

实验内容

综合练习 1

一、改错题

【题目】 本程序的功能是在 6 位正整数中查找超级自恋数（参考图 15-1）。如果把一个 6 位正整数从高位到低位，每两位分为一组，共分为三组，三组数据的立方的和正好等于其本身，该数即为超级自恋数。

```
Option Explicit

Private Sub CmdFind_Click()
    Dim k As Long, num() As Integer, fg As Boolean
    Dim i As Integer, st As String
    st = ""
    For k = 100000 To 999999
        fg = False
        Call judge(k, num, fg)
        If fg Then
            For i = UBound(num) To 1 Step -1
                st = st & num(i) & "^3 +"
            Next i
            List1.AddItem Left(st, Len(st) - 1) & "=" & k
        End If
```

```
        Next k
End Sub

Private Sub judge(n As Long, a( ) As Integer, fg As Boolean)
    Dim k As Integer, nt As Long, sum As Long
    nt = n
    Do
        k = k + 1
        ReDim a(k)
        a(k) = n Mod 100
        n = n\100
    Loop Until n = 0
    For k = 1 To UBound(a)
        sum = sum + a(k) ^ 3
    Next k
    If sum = nt Then fg = True
End Sub
```

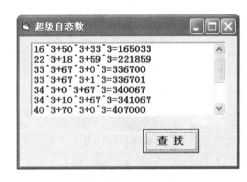

图 15-1 "超级自恋数"程序运行界面

二、编程题

【题目】 编写程序,找出给定范围内所有满足以下条件的整数,该整数的平方数的各位数字之和为素数。

【编程要求】

(1) 程序参考界面如图 15-2 所示,编程时不得增加或减少界面对象或改变对象的种类,窗体及界面元素大小适中,且均可见。

(2) 运行程序,在文本框"A:"中输入查找整数范围的起始值,在"B:"文本框中输入终止值后按"查找"按钮,则将符合要求的整数按参考界面的格式输出到列表框中;按"清除"按钮,将两个文本框与列表框清空,焦点置于"A:"文本框上。

(3) 程序中至少应定义一个通用过程,用于求一个整数各位数字之和或判断一个整数是否是素数(注意:1 不是素数)。

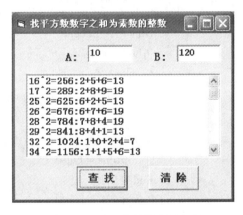

图 15-2 "找平方数数字之和为素数的整数"程序运行界面

综合练习 2

一、改错题

【题目】 本程序的功能是求前 8 个欧几里得数(参考图 15-3)。欧几里得数的定义是:第 i 个欧几里得数等于前 i 个素数的连乘积(也称为素数阶乘)加 1。已知前 n 个素数是 2,3,5,7,11,…,所以第 3 个欧几里得数为 $2 \times 3 \times 5 + 1 = 31$。

```
Option Explicit
```

```
Option Base 1

Private Sub Command1_Click()
    Dim i As Integer, k As Integer, p(8) As Integer
    Dim a As Integer
    i = 1 : k = 2
    Do While i <= 8              '求前8个素数
        If prime(k) Then
            p(i) = k
            i = i + 1
            k = k + 1
        End If
    Loop
    a = 1
    For i = 1 To 8
        a = a * p(i)
        List1.AddItem a + 1
    Next i
End Sub

Private Function prime(n As Integer) As Boolean
    Dim i As Integer
    Prime = True
    For i = 2 To Sqr(n)
        If n Mod i = 0 Then Exit For
    Next i
    If i < Sqr(n) Then
        prime = False
    End If
End Function
```

图 15-3 "求欧几里得数"程序运行界面

二、编程题

【题目】 编写程序,找出数组中不重复的数据,存入一个新的数组。

【编程要求】

(1) 程序参考界面如图 15-4 所示,编程时不得增加或减少界面对象或改变对象的种类,窗体及界面元素大小适中,且均可见。

(2) 运行程序,按"处理"按钮,出现如图 15-4 所示的 InputBox 函数窗口,输入数组数据元素个数(或使用缺省值)后按"确定"按钮,则生成 10~40 之间的随机整数数组并显示在文本框 Text1 中,将数组中不重复的元素存入新的数组,数组元素则输出到列表框 List1。按

"清除"按钮,将文本框和列表框清空,焦点置于"处理"按钮。按"结束"按钮,结束程序运行。

(3)程序中应定义一个通用过程,用于求一维数组中不重复的数据,并将结果存入新的数组。

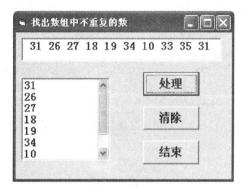

图15-4 "找出数组中不重复的数"程序运行界面

综合练习3

一、改错题

【题目】 本程序的功能是找出100之内的互质勾股数对(参考图15-5)。即满足条件的数对a、b互质(两个数的最大公约数为1),且 a×a+b×b 是完全平方数。

```
Option Explicit

Private Sub Command1_Click( )
    Dim a As Integer, b As Integer
    For a = 2 To 100
        For b = 2 To a - 1
            If gcd(a, b) = 1 And judge(a, b) Then
                List1.AddItem a & "," & b
            End If
        Next b
    Next a
End Sub

Private Function gcd(a As Integer, b As Integer) As Integer
    Dim r As Integer
    Do
        r = a Mod b
        a = b
        b = r
```

175

```
        Loop While r = 0
        gcd = a
    End Function

    Private Function judge ( a As Integer, b
        As Integer ) As Boolean
        Dim c As Integer
        c = a * a + b * b
        If Sqr ( c ) * Sqr ( c ) = c Then
            judge = True
    End Function
```

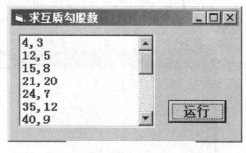

图 15-5　"求互质勾股数"程序运行界面

二、编程题

【题目】　编写程序,找出指定范围内包含因子个数最多的整数。

【编程要求】

（1）程序参考界面如图 15-6 所示,编程时不得增加或减少界面对象或改变对象的种类,窗体及界面元素大小适中,且均可见。

（2）运行程序,在"A:"与"B:"文本框中分别输入相关数据后按"运行"按钮,则在列表框中输出整数 A 到 B 每个整数的因子,并在"因子最多的是"文本框中输出具有最多因子的整数(可能有多个整数的因子个数相同,且为最多)。按"清除"按钮,将三个文本框与列表框清空,焦点置于"A:"文本框上。

（3）程序中应定义一个通用过程,用于求一维数组的最大值或求一个整数的所有因子。

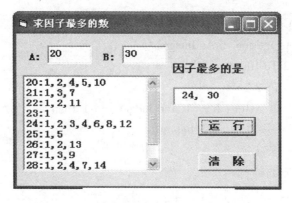

图 15-6　"求因子最多的数"程序运行界面

综合练习 4

一、改错题

【题目】　本程序的功能是随机生成 10 个 3 位整数,每个数必须含有数字 5 且各位数字之和可被 3 整除(参考图 15-7)。

    Option Explicit

```
Private Sub Command1_Click( )
    Dim n As Integer, k As Integer
    Do
        n = Int(Rnd * 899) + 100
        If judge(n) Then
            k = k + 1
            List1. AddItem k & ":" & n
        End If
    Loop Until k > 10
End Sub
```

图 15-7 "生成随机整数"程序运行界面

```
Private Function judge(Byval n As Integer) As Boolean
    Dim sum As Integer
    If InStr(CStr(n), "5") = 0 Then judge = False
    sum = 0
    Do
        sum = sum + n Mod 10
        n = n/10
    Loop While n > 0
    If sum Mod 3 = 0 Then judge = True
End Function
```

二、编程题

【题目】 编写程序,求给定数据范围内的楔形数。所谓"楔形数"是指有 3 个不同质因子的整数。

【编程要求】

(1) 程序参考界面如图 15-8 所示,编程时不得增加或减少界面对象或改变对象的种类,窗体及界面元素大小适中,且均可见。

(2) 运行程序,在"a:"文本框中输入数据范围的起始值,在"b:"文本框中输入数据范围的终止值后,单击"查找"按钮,若数据范围内存在"楔形数",则将它们按图 15-8 参考界面所示的格式输出到列表框中,否则在列表框中输出"数据范围内无楔形数"的信息。按"清除"按钮,将文本框与列表框清空,焦点置于"a:"文本框上。

(3) 程序中应至少定义一个通用过程,用于判断一个整数是否为楔形数。

【算法提示】 先按"分解质因子"算法求一个整数的所有质因子,并存入数组,再判断是否正好有 3 个不同的质因子。

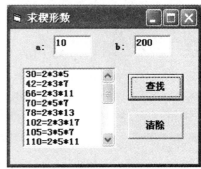

图 15-8 "求楔形数"程序运行界面

综合练习 5

一、改错题

【题目】 本程序的功能是将以十进制形式表示的 RGB 彩色值转换为两位十六进制形式。(本程序界面由 1 个 TextBox 控件、1 个 ListBox 控件、1 个 CommandButton 控件组成,所有对象均采用缺省名,参考图 15-9。)

```
Option Explicit

Private Sub Command1_Click( )
    Dim color(3) As Integer, n As Integer
    Dim i As Integer, st As String
    st = Text1.Text
    For i = 1 To 3
        n = InStr(st, ",")
        If n < >0 Then
            color(i) = Left(st, n - 1)
            st = Right(st, Len(st) - n)
        Else
            color(i) = st
        End If
    Next i
    st = ""
    For i = 1 To 3
        List1.AddItem color(i) & " - -" & d2h(color(i)) & "H"
    Next i
End Sub

Private Function d2h(p As Integer) As String
    Dim st As String, k As Integer
    st = "ABCDEF"
    Do
        k = p Mod 16
        If k >= 10 Then
            d2h = Mid(st, k - 9, 1) & d2h
        Else
            d2h = Str(k) & d2h
        End If
        p = p\16
    Loop Until p < 0
```

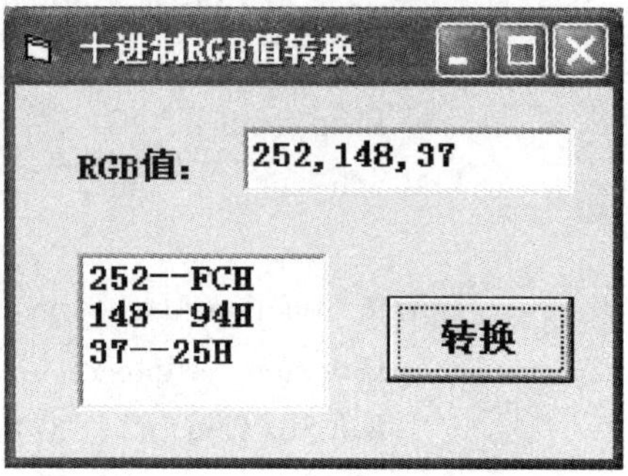

图 15-9 "十进制 RGB 值转换"
程序运行界面

    If Len(d2h) = 1 Then d2h = "0" & d2h
  End Function

二、编程题

【题目】 编写程序,求数列前 n 项之和,要求结果以最简分数形式表示。计算公式是

$$S_n = \frac{1}{1+2+3} + \frac{2}{2+3+4} + \cdots + \frac{n}{n+(n+1)+(n+2)}$$

【编程要求】

(1)程序参考界面如图 15-10 所示,编程时不得增加或减少界面对象或改变对象的种类,窗体及界面元素大小适中,且均可见。

(2)运行程序,首先在项数文本框内输入需要求和的项数,按"计算"按钮,则在数列前 n 项之和的文本框内以要求的形式显示结果。按"清除"按钮,将所有文本框清空,焦点置于项数文本框上;按"结束"按钮,结束程序运行。

(3)程序中应定义两个通用过程,一个用于求数列的第 n 项的分子与分母值,一个用于求两个数的最大公约数。

【算法提示】 两个分数相加的计算公式是 $\frac{b}{a} + \frac{d}{c} = \frac{b \cdot c + a \cdot d}{ac}$,求出分数和之后,再求分子与分母的最大公约数,用最大公约数分别除以分数和的分子与分母,则得到分数和的最简分数。

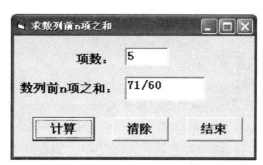

图 15-10 "求数列前 n 项之和"程序运行界面

附录 I

实验 16 MDI 窗体与工具栏

目的和要求

- 了解 MDI 窗体和子窗体的特点。
- 能够应用 MDI 窗体设计 VB 程序。
- 了解工具栏 (ToolBar) 和图像列表 (ImageList) 的属性设置和使用方法。

说明：这部分内容教材中没有涉及，在此作较详细的介绍。

16.1 MDI 窗体

1. MDI 窗体(多文档界面)简介

当工程中需要多个窗体时，虽然可以设置一个主窗体，通过命令按钮或菜单进行窗口之间的转换，但这样做界面缺乏统一的管理。联想到 Microsoft Office 产品中的 Word、Excel 应用程序界面，总是先出现一个容器窗口，然后可以在里面打开多个文件子窗口，子窗口之间可以相互切换。在 VB 中可以运用 MDI 窗体实现类似的功能，由一个 MDI 窗体(框架)构成外层容器窗口，由不同的子窗体构成内层窗体界面。

(1) 建立 MDI 窗体。

从"工程"菜单中单击"添加 MDI 窗体"菜单项，或在工具栏上单击"添加窗体"按钮右边的下拉箭头，在弹出的菜单中单击"添加 MDI 窗体"菜单项，此时"工程资源管理器"窗口中会出现独特的 MDI 窗体图标。

(2) 建立多个子窗体。

首先对系统提供的 Form1 进行处理，可以将其移除或将其 MDIChild 属性设置为"True"，使其成为子窗体；然后添加工程中所需的其他窗体，并将这些窗体的 MDIChild 属性均设为"True"(此时"工程资源管理器"窗口中的窗体图标会发生变化)，形成若干个子窗体，如图16-1所示。

(3) 访问子窗体。

在 MDI 窗体中建立菜单(建立菜单的方法如实验3所述)，然后在单击菜单事件中添加对窗体加载(Load 窗体名称)或显示语句(窗体名称.Show)，以实现对不同子窗体的访问和调用。

图 16-1　MDI 窗体与子窗体图标及子窗体属性

2. 创建一个 MDI 窗体

为了创建一个多文档界面(MDI)应用程序,在应用程序中至少要有两个窗体:一个是父窗体,一个是子窗体。具体做法如下:

(1) 新建工程,将自动生成的窗体的 Name 属性设置为"FrmChild1",Caption 属性设置为"MDI Child1",MDIChild 属性设置为"True"。

(2) 给多文档界面添加父窗体,选择"工程"菜单中的"添加 MDI 窗体"菜单项,弹出"添加 MDI 窗体"对话框,选择"新建",按"打开"按钮。

(3) 把新出现的父窗体的 Name 属性设置为"FrmMDI",Caption 属性设置为"MDI Parent"。

(4) 选择"工程"菜单中的"工程属性"菜单项,弹出"工程属性"对话框,设置启动对象为"FrmMDI"。如果不进行设置,系统也会自动把 MDI 窗体默认为启动窗体。

(5) 通过"工程"菜单添加一个新窗体,将它的 Name 属性设置为"FrmChild2",Caption 属性设置为"MDI Child2",设置它的 MDIChild 属性为"True"。

(6) 从"工程资源管理器"窗口中选择 FrmMDI 窗体。

(7) 选择"工具"菜单中的"菜单编辑器"命令,进入"菜单编辑器"对话框。

(8) 在"菜单编辑器"对话框中创建下列菜单。

标题	名称
&File	File
… MDIChild	Child1
… NewChild	Child2
&Windows	Windows

在 Windows 菜单中,选中窗口列表属性,如图 16-2 所示。

(9) 在 FrmMDI 的程序代码窗口中添加如下几行代码:

```
Private Sub Child1 _ Click( )
    FrmChild1. Show
End Sub


Private Sub Child2 _ Click( )
    FrmChild2. Show
End Sub
```

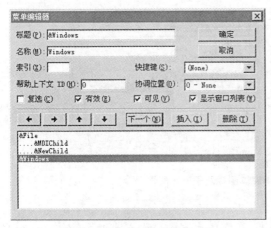

图 16-2 "菜单编辑器"对话框

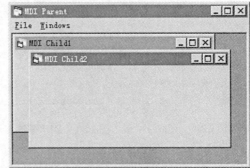

图 16-3 MDI多文档窗体

运行程序,结果如图 16-3 所示,单击各个菜单项观察结果,并将它与 Windows 菜单中见到的内容以及 Word 中窗口菜单显示的内容进行对比。

3. MDI 窗体的特点

在使用 MDI 窗体时,应对它的特点有充分了解。

（1）MDI 窗体是一个容器(框架),是用来放置其他子窗体的。程序启动时,MDI 窗体首先出现,可以在其中打开多个子窗体。

（2）一个工程中只允许有一个 MDI 窗体。

（3）除PictureBox(图片框)控件和Timer(定时器)控件外,一般不能直接在 MDI 窗体上放置其他控件。如果想在 MDI 窗体上放置一些控件,则须先放置PictureBox控件,再在PictureBox控件中放置另外的控件。

（4）运行时,子窗体可以在 MDI 窗体中移动,但不能移动到 MDI 窗体框架之外。

（5）关闭 MDI 窗体时,将自动关闭所有打开的子窗体。

16.2 工 具 栏

在 VB 集成开发环境中系统提供了常用的工具栏,如图 16-4 所示。工具栏中包含了菜单中常用的操作和命令,工具栏上的图标按钮给用户提供了执行这些操作和命令的快捷方式。

可以在应用程序窗体中创建自己的工具栏。

图 16-4 工具栏

1. 创建工具栏

要创建工具栏,必须使用 Toolbar(工具栏)控件(属于ActiveX控件),因基本控件箱中没有它,必须专门添加。在"工程"菜单中选择"部件"菜单项,弹出"部件"对话框,如图 16-5 所示。在"部件"对话框中的"控件"选项卡中,选择"Microsoft Windows Common Controls 6.0",单击"确定"按钮,关闭"部件"对话框。可以看到在 VB 工具箱中多了一些控件,其中 控件就是 ToolBar 控件, 是 ImageList(图像列表)控件。将这两个控件放置在窗体上,就可以设计自己的工具栏了。

2. 工具栏和图像列表属性设置

（1）图像列表（ImageList）的属性设置。

在窗体上选中"ImageList"，单击鼠标右键，选择"属性"，弹出图像列表属性页设置对话框，如图16-6所示。在图像列表属性页设置对话框中选择"图像"选项卡，单击"插入图片"按钮，在弹出的"选定图片"对话框中，选择要放置在工具按钮上的图片，单击"打开"按钮，回到图像列表属性页设置对话框，此时可以看到选择的图片。可

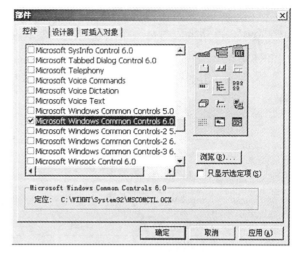

图16-5 "部件"对话框

以多次做插入图片操作，将需要出现在工具栏按钮上的图片全部选定。对不合适的图片，选定后，单击"删除图片"按钮即可将其删除。

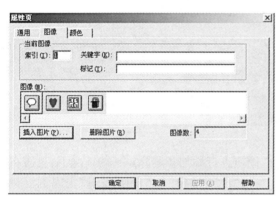

图16-6 图像列表"属性页"设置对话框

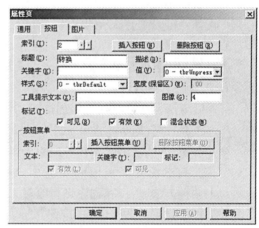

图16-7 工具栏"属性页"设置对话框

请记住每一幅图片对应的具体的"索引"号，"索引"号（从1开始）是在插入图片时自动生成的。图片设置好后，关闭图像列表"属性页"设置对话框。

（2）在窗体上选中工具栏，单击鼠标右键，选择"属性"，弹出工具栏"属性页"设置对话框，如图16-7所示。在工具栏"属性页"设置对话框中，选择"通用"选项卡，在"图像列表"下拉框中选择"ImageList1"；选择"按钮"选项卡，单击"插入按钮"，在"标题"输入框中输入工具栏按钮上出现的标题文字，在"图像"输入框中输入ImageList1中图片的索引值，该图片会出现在工具栏按钮上。重复做"插入按钮"操作，直到工具栏按钮设置完毕，单击"确定"按钮，关闭工具栏"属性页"设置对话框。

注意：ImageList1控件与工具栏绑定后，ImageList1就不能被修改了。如果要修改ImageList1控件，则首先需要将工具栏"属性页"设置对话框中"通用"选项卡上的"图像列表"设置为"无"，然后进行修改。修改后重新与工具栏绑定并设置工具栏相关属性。

（3）工具栏按钮常用属性。
◇ 索引：自动生成与每一个按钮对应的值。在代码中可用来区别按钮。
◇ 标题：在工具栏上出现的文字。
◇ 关键字：用字符串标识按钮，编制代码时可用来区别按钮。如果是简单应用可以省略。
◇ 样式：按钮样式有六种，如下表所示。

样式字符常量	值	按钮类型
tbrDefault	0	普通按钮
tbrCheck	1	复选按钮
tbrButtonGroup	2	选项按钮
tbrSeparator	3	固定宽度分隔符按钮
tbrPlaceHolder	4	可变宽度分隔符按钮
tbrDropdown	5	含下拉式菜单按钮

◇ 工具提示文本：当光标停留在按钮上时出现的相关说明。
◇ 图像：在按钮上显示的图片，应填写 ImageList 控件中图片的索引值。

3．工具栏常用事件

工具栏常用事件是 ButtonClick。

4．工具栏常用方法

◇ Add 方法。在工具栏上添加按钮，语法格式如下：

工具栏名.Button.Add 索引[,关键字,标题,式样,图像]

◇ Remove 方法。删除工具栏上的按钮，语法格式如下：

工具栏名.Button.Remove 索引

以上两种方法，可以在程序运行时对工具栏按钮进行添加和删除。一般情况下，只需在工具栏属性页设置对话框中的"按钮"选项卡中，用"插入按钮"和"删除按钮"实现工具栏上按钮的添加和删除。

16.3 实 验 内 容

实验 16-1

【题目】 两个数的四则运算和弧度、角度转换。编制一个应用程序能对输入的两个正数进行四则运算，能将输入的弧度转换为角度。

【要求】
● 运用 MDI 窗体，并使两种运算在不同的子窗体界面中进行。
● 弧度转换成角度后，显示值由度、分、秒组成，并对秒值进行四舍五入。
● 在两个子窗体中单击"清除"按钮时，将各自文本框中的内容清除，并且光标聚焦到第一个输入框。

● 出错处理。运算窗体中做除法时,要对除数是否为零或空的情况进行判断,若为零或空时弹出消息框,出现相应的提示,然后光标停在除数输入框中,并将除法选项按钮设置成非选中状态。

● 运算窗体中显示的运算符要根据运算类型的选择而发生变化,如图 16-8 所示。

图16-8　MDI中的"两数运算"子窗体　　　图16-9　MDI中的"弧度转换为角度"子窗体

【实验步骤】

1. 窗体设计

（1）MDI 窗体设计。

单击 VB 工具栏上的"添加窗体"按钮右边的下拉箭头,在弹出的菜单列中单击"添加 MDI 窗体"菜单项。

（2）设计两数运算子窗体。

将系统提供的窗体 Form1 的 MDIChild 属性设置为"True",并放置相关控件,具体布局如图 16-8 所示。

（3）设计弧度转换为角度的子窗体。

单击工具栏上"添加窗体"按钮右边的下拉箭头,在弹出的菜单列中单击"添加窗体"菜单项,并将窗体 Form2 的 MDIChild 属性设置为"True"。在窗体上放置相关控件,具体布局如图 16-9 所示。

（4）设计菜单。

在"工程资源管理器"窗口中双击 MDI 窗体图标,在"工具"菜单中,单击"菜单编辑器"菜单项。建立两个一级菜单"运算"和"转换",如图 16-9 所示。

2. 属性设置

窗　　体	对　　象	属性名称	设置值
MDI	MDI 窗体	Name	MDI
	菜单1	标题	运算(&C)
		名称	mnuCount
	菜单2	标题	转换(&T)
		名称	mnuTransform

续表

窗 体	对 象	属性名称	设置值
两数运算	两数运算子窗体	Name	FrmCount
		Caption	两数运算
	标签1	Caption	+
	标签2	Caption	=
	标签3	Caption	先输入参加运算的两个数,再选择运算类型
	文本框1	Text	空
	文本框2	Text	空
	文本框3	Text	空
	框架1	Caption	运算类型
	单选按钮1	Caption	+
	单选按钮2	Caption	−
	单选按钮3	Caption	×
	单选按钮4	Caption	÷
	命令按钮1	Name	CmdClear
		Caption	清除
	命令按钮2	Name	CmdExit
		Caption	退出
弧度转换为角度	弧度转换为角度子窗体	Name	FrmTrans
		Caption	弧度转换为角度
	标签1	Caption	输入弧度值
	标签2	Caption	角度值
	文本框1	Text	空
	文本框2	Text	空
	命令按钮1	Name	CmdTransform
		Caption	转换
	命令按钮2	Name	CmdClear
		Caption	清除
	命令按钮3	Name	CmdExit
		Caption	退出

注:"两数运算"子窗体中的所有单选按钮的 Value 属性值均设置为"False"。

3. 添加程序代码

(1) 在 MDI 中给菜单添加如下代码:

```
Private Sub mnuCount _ Click( )
    FrmCount. Show
End Sub


Private Sub mnuTransform _ Click( )
    FrmTrans. Show
End Sub
```

(2) 在"两数运算"子窗体中添加如下代码：
```vb
Private Sub CmdClear _ Click( )
    Text1.Text = ""
    Text2.Text = ""
    Text3.Text = ""
    Text1.SetFocus
End Sub

Private Sub CmdExit _ Click( )
    Unload Me
End Sub

Private Sub Form _ Load( )
    FrmCount.Height = 3900              '设置窗体高度
    FrmCount.Width = 5070               '设置窗体宽度
End Sub

Private Sub Option1 _ Click( )
    Label1.Caption = " + "
    Text3 = Val(Text1) + Val(Text2)
End Sub

Private Sub Option2 _ Click( )
    Label1.Caption = " - "
    Text3 = Val(Text1) - Val(Text2)
End Sub

Private Sub Option3 _ Click( )
    Label1.Caption = " × "
    Text3 = Val(Text1) * Val(Text2)
End Sub

Private Sub Option4 _ Click( )
    Label1.Caption = " ÷ "
    If Text2 = "" Or Val(Text2) = 0 Then        '出错处理
        MsgBox("除数不能为空或0")                '当除数为空或0时弹出消息框
        Text2.SetFocus                          '光标停在除数输入框中
        Option4.Value = False                   '除法选项按钮不可用
    Else
```

```
            Text3 = Val(Text1)/Val(Text2)
        End If
    End Sub
```

(3) 在"弧度转换为角度"子窗体中添加如下代码：

```
Private Sub CmdTransform _ Click()
        Const PI = 3.14159                    'PI 为常变量
        Dim radian As Single, a As Single, a1 As Single
        Dim d As Integer, f As Integer, m As Integer
        Dim angle As String
        radian = Val(Text1.Text)
        a = radian * (180/PI)
        d = Fix(a)                            '对 a 取整
        a1 = (a - d) * 60
        f = Fix(a1)
        m = Fix((a1 - f) * 60 + 0.5)          '对秒四舍五入取整
        angle = Str(d) & "°" & Str(f) & "'" & Str(m) & """"
                                              '输出度、分、秒格式
        Text2.Text = angle
    End Sub

    Private Sub CmdClear _ Click()
        Text1.Text = ""
        Text2.Text = ""
        Text1.SetFocus
    End Sub

    Private Sub CmdExit _ Click()
        Unload Me
    End Sub
```

4．保存文件

注意：将三个窗体和工程保存。将 MDI 保存为 16-1MDI.frm，Form1 保存为 16-1Count.frm，Form2 保存为16-1Transform.frm，工程保存为16-1MDI.vbp。

5．运行工程

利用 MDI 中的菜单反复调用两个子窗体，在子窗体中进行计算。

6．思考

如果程序中未采取出错处理措施，运行时会出现什么情况？

7．增加功能

给"弧度转换为角度"子窗体添加适当控件，并添加程序代码实现角度转换为弧度的功能，将该子窗体标题Caption属性改为"弧度、角度转换"。再次保存修改后的窗体。

实验 16-2

【题目】 创建一应用程序,基本功能与实验 16-1 相同。工程运行时可以通过 MDI 窗体上的菜单或工具栏切换两个操作窗口,并能对 MDI 窗体的背景颜色进行变换(红/白)。

【实验步骤】
1. 窗体设计

(1) 添加 MDI 窗体。

(2) 添加现存子窗体。

在"工程资源管理器"窗口中,选中 Form1 窗体,单击鼠标右键,选择移除Form1窗体;在工具栏上单击"添加窗体"按钮右边的下拉箭头(或在"工程资源管理器"窗口中空白处单击鼠标右键,然后选择"添加"),再单击"添加窗体"选项,在"添加窗体"对话框中选择"现存"选项卡,将实验 16-1 中的子窗体16-1Count.frm选中,单击"打开"按钮。重复刚才的操作,将实验 16-1 中的子窗体16-1Transform.frm也添加进来。

(3) 将 MDI 窗体中的菜单变为两级菜单,如图 16-10 所示。

图 16-10　MDI 窗体中的菜单结构

(4) 给 MDI 窗体添加 ToolBar 和 ImageList 控件。

2. 属性设置

(1) 菜单属性如下表所示。

标　题	名　称	级　数
操作(&p)	mnuSelect	1
运算(&c)	mnuCount	2
转换(&t)	mnuTransform	2
底色(&c)	mnuColor	1
红色(&r)	mnuRed	2
白色(&w)	mnuWhite	2

(2) 在图像列表属性页设置对话框中设置ImageList控件属性,具体如图 16-6 所示。

说明: ImageList 控件中图片可以自行选定。

(3) 在工具栏"属性页"设置对话框中,选择"通用"选项卡,将工具栏的"图像列表"属性设置为"ImageList1",把 ImageList 绑定到工具栏上。

(4) 在工具栏"属性页"设置对话框中,选择"按钮"选项卡,对工具栏的"按钮"属性进行设置,确定工具栏上的按钮数目、按钮上的图片和文字说明。具体内容如下表所示,并参见图 16-7。

索引	标题	样式	图像
1	运算	0	3
2	转换	0	4
3		3	0
4	红色	0	2
5	白色	0	1

注：按钮3是起分隔作用的。

3. MDI 窗体代码

```
Private Sub mnuCount _ Click( )
    FrmCount. Show
    FrmTrans. Hide
End Sub


Private Sub mnuRed _ Click( )
    MDI. BackColor = RGB(220, 0, 0)
End Sub


Private Sub mnuTransform _ Click( )
    FrmTrans. Show
    FrmCount. Hide
End Sub


Private Sub mnuWhite _ Click( )
    MDI. BackColor = RGB(220, 220, 220)
End Sub


Private Sub ToolBar1 _ ButtonClick( ByVal Button As MSComctlLib. Button)
    '根据工具栏按钮的索引值判断执行
    Select Case Button. Index
        Case 1
            FrmCount. Show
            FrmTrans. Hide
        Case 2
            FrmTrans. Show
            FrmCount. Hide
        Case 3
            MDI. BackColor = RGB(220, 0, 0)
```

                Case 4
                    MDI.BackColor = RGB(220, 220, 220)
                End Select
            End Sub
4. 说明

两个子窗体程序代码同实验16-1。

5. 运行程序,保存各个窗体和工程

运行程序,结果界面如图16-11所示。

图16-11 工具栏程序结果界面(背景白)

将 MDI 保存为 16-2ToolBar.frm,Form1 保存为 16-2Count.frm,Form2 保存为 16-2Transform.frm,工程保存为 16-2ToolBar.vbp。

附录 Ⅱ

计算器程序代码

实验 8-3 中,计算器程序代码如下:

```
Option Explicit
Dim flg As Boolean, op As Integer, first As Single    '说明模块级变量

Private Sub Command1_Click(Index As Integer)          '数字控件数组
    If Index = 11 Then
        Text1.Text = Text1.Text & "."                 '连接小数点
    Else
        Text1.Text = Text1.Text & CStr(Index)         '连接数字
    End If
    '去除整数前面的 0
    If Len(Text1) = 2 And Left(Text1,1) = "0" And Mid(Text1,2,1) <> "." Then
        Text1 = Mid(Text1, 2)
    End If
End Sub


Private Sub Command2_Click(Index As Integer)          '运算符控件数组
    first = Val(Text1.Text)                           '保存第一个操作数
    op = Index                                        '记录运算类型
    Text1.Text = ""
End Sub


Private Sub Command4_Click()                          '等号" = "按钮
    Dim sec As Single
    sec = Val(Text1.Text)                             '取出第二个操作数
    Select Case op                                    '根据不同的运算类型进行计算
        Case 0
            Text1.Text = Str(first + sec)
        Case 1
```

```
            Text1.Text = Str(first - sec)
        Case 2
            Text1.Text = Str(first * sec)
        Case 3
            If sec <> 0 Then
                Text1.Text = Str(first / sec)
            Else
                Text1.Text = "除数为0"
            End If
        Case 4
            If sec <> 0 Then
                Text1.Text = Str(first Mod sec)
            Else
                Text1.Text = "除数为0"
            End If
    End Select
End Sub


Private Sub Command3_Click()               '"清除"按钮
    Text1.Text = ""
    first = 0
End Sub


Private Sub Command5_Click()               '"退出"按钮
    frmMenu.Show
    Unload Me
End Sub


Private Sub Command6_Click()               '"返回主菜单"按钮
    frmMenu.Show
    Unload Me
End Sub
```

附图 "计算器"程序运行界面